U0277261

□浙江大学环境与能源政策研究中心

Global Sustainable Energy Competitiveness Report 2016

BRICS in Focus

浙江大学公共管理蓝皮书系列

Global Sustainable Energy Competitiveness Report 2016
BRICS in Focus

全球可持续能源竞争力报告2016
聚焦金砖国家

郭苏建　方　恺　王　双
叶瑞克　周云亨　向　淼　　著

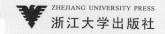

ZHEJIANG UNIVERSITY PRESS
浙江大学出版社

摘　要

在《全球可持续能源竞争力报告 2015》中，我们从能源利用的可持续性角度，对可持续能源系统和产业竞争力等理论的内涵进行了深入探讨，并对可持续能源、新能源和可再生能源的概念差异进行了细致的辨析，突破了原有的以"可持续能源""可持续能源系统"为基础的研究范式，构建了以"可持续能源竞争力"为核心概念的研究议题。通过对可持续能源产业特征及其发展规律进行深入分析，并结合碳足迹与行星边界等国际环境管理前沿理论，修正了迈克尔·波特国家竞争力钻石模型，以 G20 国家为研究对象，对各国可持续能源产业竞争力进行了量化和比较，形成了一份视角新颖、方法独特并具有较高理论和应用价值的研究报告。

在 2015 年报告成果的基础上，此次出版的《全球可持续能源竞争力报告 2016》对"可持续能源"理论的概念缘起、发展历程和最新趋势进行了全面总结，进一步完善了可持续能源竞争力的理论框架和研究范式。本报告聚焦新兴市场国家的代表——"金砖五国"。研究对象更替亦是基于一个事实：2015 年以中国、印度和巴西为代表的发展中国家对可持续能源的投资额首次超过了发达国家。可以说，在当前全球能源转型的关键时期，新兴经济体已经崛起，成为可持续能源开发和利用的主力军。鉴于此，本报告对中国、印度、巴西、南非、俄罗斯五国的可持续能源竞争力进行了系统的分析比较，探讨了五国可持续能源发展的现状、特点、趋势与经验教训，研究成果不仅对金砖五国发展可持续能源具有重要的指导意义，对其他国家也具有一定的参考和借鉴价值。

本报告的结构如下：

第一部分为文献综述部分，对可持续能源竞争力及其相关概念进行了区分，对从竞争力到可持续能源产业竞争力的相关文献进行了全面梳理与归纳。

第二部分为指标体系的理论分析框架，以迈克尔·波特的"钻石模型"及其四个关键因素——生产要素，需求条件，相关产业与支持性产业，企业战略、企业结构和同业竞争为基础，构建了国家可持续能源产业竞争力评估框架，形成了一套要素定义明确、系统边界清晰、可量化评价的指标体系。

第三部分为可持续能源竞争力评价指标体系，报告遵循 2015 年报告的编制原则，在指标体系构建中采用理论分析法与专家咨询法相结合的方法确定三级指标体系，并对所选指标的数据来源进行了详细说明。

第四部分为指标权重确定和指数统计测算，介绍了指标权重确定、指标统计测算的具体方法及其步骤，并给出了金砖五国的可持续能源竞争力综合指数及排名。

第五部分为国别分析，按照排名顺序，从可持续能源产业发展概况、指标要素分析、各主要可持续能源产业等方面对金砖五国可持续能源竞争力进行具体分析，并对各国的优势、问题及发展前景进行了评估与预判，以期更深入地发掘影响一国可持续能源产业发展的要素与条件，并就如何促进可持续能源产业的发展提出分析意见和对策。

本报告的主要特色在于：

在理论构建方面，深入探讨可持续能源和可持续能源产业竞争力理论，研究其概念内涵，并据此提出相对完善的可持续能源竞争力研究范式。

在分析框架方面，本报告仍沿用修正的钻石模型，将"机会"和"政府"两个要素有机地融入其他四大关键要素之中，并进一步深入探讨，使四大要素及其修正的理论分析和实践论证更加充分和坚实。由此，可持续能源竞争力指数综合指标与二级指标之间的联系更为密切，各级相关要素指标之间的逻辑关系亦更加清晰。

在国别分析方面，本报告进行了更为具体和详尽的国别分析，以期展示金砖五国可持续能源产业发展的全景图和细节情境。

目　　录

一、可持续能源与可持续能源竞争力

（一）可持续能源竞争力概念及其比较

可持续能源、可再生能源的定义多种多样，并没有权威的定义。相较于英文语境，可持续能源在中文语境中使用较少，尤其是相对于可再生能源等概念而言。本研究认为，可持续能源比可再生能源范畴更小，可持续能源是指已经实现大规模商业化利用的可再生能源。这一能源种类分类法并非绝无仅有，如诺迪克·福克可持续能源研究中心将可持续能源看作是可再生能源的一个子属。[①]

尽管两者名称和内涵相异，但仍有诸多共性。比较权威的能源机构、政府部门或行业协会等一般将可持续（再生）能源描述为经过正在进行的自然程序产生、替代速度等于或者超过消耗速度[②]、可自然再生、可不断更新的[③][④]能源形式。

目前学界对可持续能源的基本来源形式的分析也不尽相同，有的学者认为直接或间接来自太阳，以及来自其他自然运动和环境机制（如地热能与潮汐能等）。有的学者则认为可持续能源最终产生于太阳到达地球所产生的辐射

---

① Nordic Folke Center for Renewable Energy. http://www.folkecenter.net/gb/overview/definitions/.

② Penn State College of Agricultural Sciences. http://extension.psu.edu/natural-resources/energy/what.

③ IEA. http://www.iea.org/aboutus/faqs/renewableenergy/.

④ EIA. https://www.eia.gov/Energyexplained/? page＝renewablehome.

能量①，如有学者就认为可持续能源归根结底都源自太阳能②。

而在具体能源类别上，可持续能源一般包括水电、风能、太阳能以及可持续废物与生物燃料等，另外，地热等也可划归为"可持续能源"。然而，鉴于核能的不可再生性、潮汐能目前仍难以大规模商业推广，以及这两类能源统计数据可得性有限，本报告延续 2015 年报告对可持续能源的界定范畴，将核能和潮汐能等排除在"可持续能源"范畴之外。"新能源""可再生能源""可持续能源"的比较如表 1.1。

表 1.1　"新能源""可再生能源""可持续能源"概念与范畴对比

项目	新能源	可再生能源	可持续能源
核心定义	能源利用的技术创新性	能源利用的资源可再生性	能源利用的经济社会发展和生态环境的可持续性
研究视角	区别于传统能源，基于技术及应用视角	区别于非可再生能源，基于利用及储量视角	区别于不可持续能源，基于目标和发展视角
基本形态	风能、小水电、太阳能、生物质能、地热能、潮汐能、核能、天然气、页岩气、可燃冰等	风能、太阳能、水能、生物质能、地热能、潮汐能等	风能、太阳能、水能、生物质能、地热能等
关键区别	不包括大水电	不包括核能	不包括核能、潮汐能

（二）可持续能源竞争力文献梳理

1. 竞争力理论发展脉络

从概念上讲，竞争力是一种相对指标，通常是指参与者双方或多方的一种角逐或比较而体现出来的综合能力。自 20 世纪 70 年代以来，对国家、产业、

---

① The Texas Renewable Energy Industry Alliance(TREIA). http://www.treia.org/renewable-energy-defined/.

② Evans RL. Fueling Our Future：An Introduction to Sustainable Energy. Cambridge University Press，New York，2007：81.

企业、产品等各层次研究对象竞争力的研究得以持续推进,并延伸出许多流派,不过其理论支撑主要来源于比较优势理论和竞争优势理论。

Siudek 和 Zawojska(2014)梳理了竞争力的概念和理论。他们将其分为以亚当·斯密为代表的古典流派,约瑟夫·熊彼特、弗雷德里希·李斯特等为代表的新古典派,奥地利与制度主义流派,以及保罗·克鲁格曼与迈克尔·波特为代表的当代流派。从亚当·斯密、大卫·李嘉图的绝对优势和相对优势理论,到熊彼特的企业家与创新理论,到波特的管理学理论(钻石模型)、克鲁格曼的评判性的新经济地理学理论等,竞争力理论呈现出比较清晰的发展脉络,而竞争力概念及围绕该概念存在的问题主要有:竞争力概念的测度、决定竞争力的因素等。[①]

传统流派是以比较优势理论为基础进行分析的,该理论流派曾长期占据理论主流地位。如世界经济论坛将国际竞争力定义为国家或公司在世界市场上均衡地生产出比其竞争对手更多财富的能力,并以此得出国际竞争力是竞争力资产与竞争力过程的统一。[②] 经合组织(Organization for Economic Co-operation and Development,OECD)将竞争力定义为:在合适的市场条件下,国家可以提供产品和服务以满足国际竞争,同时又能保证本国实际收入增长与生活水平提高的程度。[③] 瑞士洛桑国际管理学院认为,竞争力意味着生产力的要素、效率和盈利能力。它是一种实现生活水平不断提升、社会福利不断增加的强大手段与工具。[④] 不过此种理解仍然是建立在比较优势理论的基础上。

迈克尔·波特认为,传统的比较优势理论无法有效说明产业竞争力的来源,必须采用竞争优势理论来理解产业竞争力问题。在《国家竞争优势》一书中,波特对产业竞争力的定义获得了很多学者的认同,"在国际自由贸易条件下,一国特定产业以其相对于其他国家更高的生产力,向国际市场提供符合消费者需要的更多的产品,并持续获利的能力"[⑤]。他关于产业竞争力的研究,开创了从比较优势向竞争优势理论演化的新范式。

① Siudek T, Zawojska A. Competitiveness in the economic concepts theories and empirical research. Oeconomia 2014,13 (1):91-108.

② World Economic Forum(WEF). Global Competitiveness Report 1994-1995. Geneva,1994.

③ OECD. Technology and the Economy:The Key Relationships. Paris,1992.

④ International Institute for Management Development (IMD). World Competitiveness Yearbook,2014:492-503.

⑤ Porter ME. The Competitive Advantage of Nations. New York:The Free Press,1990.

竞争力排名指标是竞争力跨国比较的核心所在。在国家竞争力评估的相关研究中，有两种最经典的竞争力指数，分别是 McArthur 和 Sachs 提出的增长竞争力指数（Growth Competitiveness Index，GCI）和波特的商业竞争力指数（Bussiness Competitiveness Index，BCI）。[①] 前者在分析中长期影响经济持续增长因素的基础上进行评估，后者则从微观层面探究引起效率提高和生产力指标提升的企业特有因素，后来两者被进一步整合为一种新的指数，即全球竞争力指数（Global Competitiveness Index，GloCI）。[②]

鉴于竞争力是由多元因素决定的一个复杂概念，评估竞争力水平的最有效方式莫过于通过使用竞争力的多维度或综合指标来完成。一些权威国际机构发布的竞争力指数排名皆采用多元指标，如现有国家竞争力的排名研究中，以国际管理学院（IMD）的《全球竞争力黄皮书》、世界经济论坛（WEF）的《全球竞争力报告》为代表，两者颇具国际影响力。

通过分析文献可以发现，近年来各类国际排名中，对缺乏统计标准的"软指标"使用越来越多，如司法质量、国家创新偏好、腐败程度、企业管理质量等。因此，在未来研究中，对此类指标的进一步细化特别是指数化研究具有很大潜力。

2. 可持续能源竞争力的评估框架

在竞争力评价领域，波特的钻石模型分析框架之所以经久不衰，是因其具有较好的兼容性与通用性。自波特提出"钻石模型"以来，一些学者根据不同的研究需要和适用条件不断地对该模型加以完善，使其能够应用于不同国家的产业竞争力研究。

当前国内外关于产业竞争力测评的分析框架有三个主流模型，即波特—邓宁模型、波特价值链模型和金碚—因果模型，其中波特—邓宁模型和金碚—因果模型都是在钻石模型的基础上演化而来。总的来看，竞争力研究大都是在钻石模型基础上进行了不同程度的改进和创新，或是对原影响因素的进一步细化和分解，或是增添了新的影响因素，而实质上仍未摆脱钻石模型的分析

① McArthur JW, Sachs JD. The Growth Competitiveness Index：Measuring Technological Advancement and the Stages of Development. In WEF. The Global Competitiveness Report 2001-2002, New York：Oxford University Press, 2002.

② WEF. The Global Competitiveness Report 2004-2005, New York：Oxford University Press, 2004.

框架。

如邓宁引入"跨国公司商业活动"因素,形成更为完善的"波特—邓宁"模型。[1] Rugman 和 Cruz 在研究加拿大国家竞争优势时,将加拿大钻石模型和美国钻石模型联系起来,形成了"双钻石"模型。[2] Cho 和 Moon（1994）用物质、人力、政府三大类的 9 个要素构建起相应框架,被称作"九要素模型"[3]。金碚（1997）将钻石模型应用于中国现实环境,从国产工业品的市场占有率和盈利状况及其决定因素分析入手,建立起适合中国产业发展的具体情况并易于进行更深入的国际比较研究的经济分析范式。在此基础上,他构建了工业品国际竞争力分析框架。[4] 芮明杰（2006）为"钻石模型"增加了一个核心要素——知识吸收与创新能力,认为有了这个核心要素才能真正形成产业发展的持续竞争力。[5]

可持续能源竞争力研究是竞争力研究在能源领域的重要应用。可持续能源竞争力主要指一国风电、水电、太阳能发电、生物质能源等可持续能源及其装备制造业的国际竞争力,相关测量指标包括资源储量、投资额、技术创新指数、从业人数、装机总量、固定市场份额模型（The Constant Market Share Model）、贸易竞争力指数（Trade Competitiveness Index）、显示比较优势指数（Revealed Comparative Advantage Index）等,不同的研究会根据不同的目的而选取不同的分析框架和指标。

就指标研究体系而言,一些相关研究机构的指标体系比较成熟。如清洁技术集团（Cleantech Group）发布的《全球清洁科技创新指数》（Global Cleantech Innovation Index，GCII）[6]覆盖 40 个国家,每个国家分数以创新输入与创新输出之间平均数为基础,这些投入与产出分数由四类相同权重的要素决定,分别是一般创新驱动（输入）、清洁技术创新（输入）、清洁技术创新证据（输出）、清洁技术创新驱动商业化证据（输出）,而这四类要素又由 15 个子要素所

①　Dunning JH. Internationalizing Porter's diamond. Management International Review，1993，33(2)：7-15.

②　Rugman AM，Cruz D，Joseph R. The Double Diamond'Model of international competitiveness：The Canadian experience. Management International Review，1993，33(2)：17-39.

③　Cho DS. A dynamic approach to international competitiveness：The case of Korea. Journal of Far Eastern Business，1994(1)：17-36.

④　金碚，等. 中国工业的国际竞争力. 北京：经济管理出版社，1997.

⑤　芮明杰. 产业竞争力的新钻石模型. 社会科学，2006(4)：68-73.

⑥　Cleantech Group，WWF. Global Cleantech Innovation Index. 2014.

构成。[①]

　　安永公司的可再生能源国家吸引力指数（Renewable Energy Country Attractiveness Index，RECAI），以宏观驱动、能源市场驱动、技术驱动等 3 个一级指标，宏观稳定性、投资环境（营商自由度）、可再生能源的优先度、可再生能源的可融资性、项目吸引力等 5 个二级指标，其下又设 16 个变量，选取 63 种数据库资源进行排名比较。[②] 本报告在研究中也将上述两类指标体系作为重要的参考。

　　在可持续能源研究领域，使用钻石模型框架的相关研究案例较少，主要集中在对企业相对竞争力的分析，如 Dögl 和 Holtbrügge 使用邓宁的单钻石模型分别测算，以及使用 Rugman 和 Cruz 提出的双钻石模型测算，比较了德国能源企业在中国和印度的竞争优势地位，在修正模型中，他们以文化要素替代了机会要素。[③] 另一个例子是 Panagiotis 等使用钻石模型分析了希腊能源企业的竞争优势。[④]

　　还有学者比较注重对某一类特定的可持续能源产业竞争力的研究，并在研究过程中对钻石模型进行修正。Zhao 等通过对波特的钻石模型进行改进，对中国的风能产业进行了评估，他们将政府作为第五个要素，而不是一种二级指标。此外，科技要素也被作为一个核心变量加入钻石模型分析。[⑤] Zhao 等还提出了齿轮模型，可作为分析与理解中国太阳能光伏产业的动态变化与发展的有效工具。[⑥]

　　除钻石模型外，其他相关的研究框架与工具如 Fixed Effects Vector De-

---

①　Cleantech Group，WWF. Global Cleantech Innovation Index. 2014.

②　Ernst & Young. Renewable Energy Country Attractiveness Index Report. 2015. http：//www. ey. com/Publication/vwL-UAssets/RECAI_44/ $ FILE/RECAI%2044_June%202015. pdf.

③　Dögl C，Holtbrügge D，Schuster T. Competitive advantage of German renewable energy firms in India and China：An empirical study based on Porter's diamond. International Journal of Emerging Markets，2012，7(2)：191-214.

④　Panagiotis L，Nikos A. Regional development and renewable energy enterprises：A Porter's diamond analysis. Theoretical & Practical Research in Economic Fields，2014，5(1)：5-9.

⑤　Zhao ZY，Hu J，Zuo J. Performance of wind power industry development in China：A diamond model study，Renew. Energy，2009(34)：2883-2891.

⑥　Zhao ZY，Zhang S，Zuo J. A critical analysis of the photovoltaic power industry in China—From diamond model to gear model. Renewable and Sustainable Energy Reviews，2011，15：4963-4971.

composition(FEVD))[1][2]、Panel Corrected Standard Errors(PCSE)[3]、Event History Analysis(EHA)[4]、Data Envelopment Analysis(DEA)[5]等也被较广泛使用,用以来测评可持续能源的增长因素、驱动因素以及政策选择问题等。例如,Zhang 使用层次分析法评估风力涡轮制造业的国际竞争力,对中国、丹麦、西班牙、美国、德国、印度等国家风能企业进行了比较有意义的国际比较。[6]

此外,还有其他非典型对比研究案例,如 Sovacool(2013)采取案例验证、访谈与数据分析方法,对包括中国在内的亚太地区十国可再生能源产业进行了典型案例研究,总结出十项学者普遍认为有价值的"设计原则""共同要素"或"最佳特征"[7]。

以上文献分析表明,全球可持续能源竞争力研究量化评估存在不足,量化评估对象集中在可持续能源利用较为成熟的国家(主要是发达国家),缺乏对全球代表性国家组织(如 G20、金砖国家等)全面系统的量化对比研究;同时,在量化对比研究中,各种新型的研究方法与工具层出不穷,但使用波特的钻石模型对可持续能源产业的国际竞争力进行对比研究相对较少,而这一欠缺也正是本文希望弥补的。

《全球可持续能源竞争力报告 2016》重点关注竞争力研究的两方面:一是可持续能源相对于传统化石能源的竞争力,二是全球主要新兴经济体在可持续能源领域的竞争力。因此,在综合考量产业竞争力相关理论的基础上,本研究最终确定以"钻石模型"为基础,构建可持续能源竞争力指标体系的理论分析框架,应用于金砖国家的分析测算和对比研究。

---

① Carley S. State renewable energy electricity policies：An empirical evaluation of effectiveness. Energy Policy，2009(37)：3071-3081

② Marques AC，Fuinhas JA，Pires Manso J R. Motivations driving renewable energy in European countries：a panel data approach. Energy Policy，2010(38)：6877-6885.

③ Aguirre M，Ibikunle G. Determinants of renewable energy growth：A global sample analysis. Energy Policy，2014(69)：374-384.

④ Schaffer LM，Bernauer T. Explaining government choices for promoting renewable energy. Energy Policy. 2014(68)：15-27.

⑤ Ederer N. Evaluating capital and operating cost efficiency of offshore wind farms：A DEA approach. Renewable and Sustainable Energy Reviews，2015(42)：1034-1046.

⑥ Zhang S. International competitiveness of China's wind turbine manufacturing industry and implications for future development. Renewable and Sustainable Energy Reviews，2012，16 (6)：3903-3909.

⑦ Sovacool BK. A qualitative factor analysis of renewable energy and Sustainable Energy for All (SE4ALL)in the Asia-Pacific. Energy Policy，2013(59)：393-403.

二、指标体系的理论分析框架

（一）"钻石模型"的引入

迈克尔·波特的"钻石模型"认为，一个国家产业竞争力的强弱主要由四个方面的关键因素决定：

1. 生产要素：一个国家在特定产业竞争中有关生产方面的表现；

2. 需求条件：本国市场对该项产业所提供产品或服务的需求如何；

3. 相关产业与支持性产业：该产业的相关产业和上游产业是否具有国际竞争力；

4. 企业战略、企业结构和同业竞争：企业在一个国家的基础、组织和管理形态，以及国内市场竞争对手的表现。[①]

作为以上四个关键要素的补充，波特认为机会和政府在一个国家产业竞争力的形成过程中也扮演着重要角色。"机会"事件会打破原先的竞争状态，提供新的竞争空间，通过影响钻石体系各个关键要素，从而影响一个国家产业竞争力。而"政府"则一直是产业在提升国际竞争力时的热门议题，既可能是产业发展的助力，也可能是障碍，其角色扮演和功能发挥需要根据公共政策的表现加以界定。

我们选择"钻石模型"作为可持续能源竞争力研究的分析框架，不仅考虑到这一研究路径有别于国内外已有研究，即它能够构建视角新颖和逻辑严密的分析框架与研究范式，而且还考虑到这一理论模型还能兼顾指标体系设计的科学性、系统性与可操作性，并为政策建议的提出提供理论支持。当然，鉴于"钻石模型"并没有充分考虑可持续能源产业的特殊性，本研究对其进行了适用性检验与修正。本研究所使用的波特"钻石模型"如图 2.1 所示。

---

① ［美］迈克尔·波特.国家竞争优势(第 2 版).李明轩,邱如美,译.北京:中信出版社,2012:65.

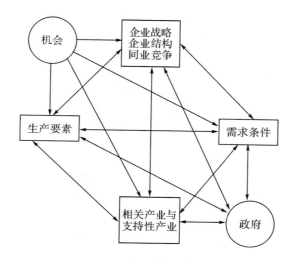

图 2.1　波特"钻石模型"示意图

（二）"钻石模型"的修正

　　课题组对波特"钻石模型"关键要素及其子要素的相互作用机理进行了深入分析，并从可持续能源竞争力的特殊性出发，对其进行适用性检验和理论修正，形成了一套要素定义明确、边界清晰、可量化评价的要素指标体系。

　　第一，可持续能源产业"初级生产要素"的基础性作用。

　　波特"钻石模型"认为，初级生产要素包括天然资源、气候、地理位置、非技术人工与半技术人工、资本等，这些要素在当今市场环境下已不再重要，主要是因为对它们的需求减少，供给量却相对增加，而且跨国企业已能通过全球市场网络取得这些生产要素。① 但在可持续能源领域，一些初级生产要素仍然比较重要。首先，同化石能源一样，一国可持续能源的分布及储量是由其所处的地理位置及相关自然环境所决定的，具有高度的时空异质性，资源禀赋（包括天然资源、气候、地理位置等）对一国可持续能源竞争力的影响仍不容忽视；其次，由于可持续能源投资回报周期较长，且在相当一段时间内相较于传统化石能源存在价格劣势，因此，其对资本的依赖较其他产业更为显著，政府投资

---

① ［美］迈克尔·波特.国家竞争优势（第 2 版）.李明轩，邱如美，译.北京：中信出版社，2012：70.

以及商业资本的进入相当重要；最后，一国从事可持续能源产业的劳动力数量反映了该产业的发展规模，因为现阶段的可持续能源产业不仅具有资本和技术密集型的特征，且兼具部分劳动密集型的特征，某些产业环节仍然需要大量的劳动力作为基本生产要素。比如，太阳能电池板组装产品制造仍是工艺简单、劳动密集的生产环节。中国正是凭借丰富和相对低廉的劳动力价格，自2008年起，连续8年光伏电池产量居全球首位，累计为全球提供了70%以上的光伏电池产品。可见，高级生产要素仍必须以初级生产要素为基础，初级生产要素在可持续能源竞争力优势的形成过程中仍然重要。因此，本研究将资源禀赋、资本投资以及劳动力作为可持续能源竞争力在生产条件方面的重要因素。

第二，可持续能源竞争力生成环境的"非开放式的国际竞争"特质。

波特"钻石模型"的研究重心偏重于在国际贸易中可以自由竞争的产业和产业环节，而非功能性意义大于商业意义或者是那些"受到政府补贴或保护"的产业和产业环节。可持续能源产业在应对全球气候变化、防治环境污染、保护自然资源、保障能源供给与安全等领域的功能性意义远大于商业意义，因而成为多数国家重点保护与鼓励发展的产业。例如，丹麦早在20世纪70年代末就对风电给予补贴，此后又对太阳能供暖和热泵给予了经济补贴，很好地促进了可持续能源产业的发展。丹麦的成功经验使得激励政策成为了各国政府鼓励发展可持续能源的通行做法。因此，必须对适用于"开放式的国际竞争"的"钻石模型"进行修正。具体而言，环保压力（如碳减排压力、大气污染物减排压力等）和政府政策激励（如可持续能源补贴、强制配额、碳税、化石能源价格政策等）等因素在国家可持续能源竞争力的形成过程中皆具有不可忽视的作用。一国的环保压力越大，则其对可持续能源产业发展的需求也越迫切。因此，至少在现阶段，在评价一国的可持续能源竞争力时，须将上述要素作为重要指标纳入考量。

第三，厘清"需求条件"及其子要素的边界，精确筛选表征变量。

"钻石模型"的"需求条件"囊括了"细分市场需求的结构"（Segment Structure of Demand）、"欢迎内行而挑剔的客户"（Sophisticated and Demanding Buyers）、"预期需求"（Anticipatory Buyer Needs）、"母国市场规模"（Size of Home Demand）、"客户的多寡"（Number of Independent Buyers）、"国内市场的预期需求"（Rate of Growth of Home Demand）、"早期国内需求"（Early Home Demand）、"国内市场提前饱和"（Early Saturation）、"机动性高的跨国型本地客户"（Mobile or Multinational Local Buyers）和"国外需求"（Influences on Foreign Needs）等若干子要素。一方面，部分要素的边界缺乏明确厘定，甚至

存在交叉重叠。因此,必须对"需求条件"的内部子要素进行重新梳理与归纳。另一方面,作为理论阐述,定性分析自然是十分重要的研究方法。然而,在指标体系的构建中,要素的可量化与数据的可获得性是更为重要的指标取舍标准,波特"钻石模型"的"需求条件"部分子要素事实上要么无法量化,要么数据无法准确获得,因此难以纳入指标体系。比如,"细分市场需求的结构""欢迎内行而挑剔的客户"等都无法指标化,"预期需求""客户的多寡""国外需求"则在相当程度上无法获得准确且有说服力的数据。因此,本研究在选取相关子要素及其表征变量时,本着边界清晰和可量化评价的原则,将可持续能源竞争力的"需求条件"分解成市场规模、替代成本、环保压力、政策激励等四个子要素。

第四,将"机会"和"政府"在模型中的角色功能融入其他四个关键要素。

波特的"钻石模型"还强调了"机会"和"政府"在形成产业竞争力过程中扮演的重要角色。"机会"和"政府"对可持续能源竞争力的影响,往往需要通过其他关键要素——生产要素,需求条件,相关产业与支持性产业,企业战略、企业结构和同业竞争——发挥作用。"政府"对产业竞争力的作用主要在于适当地创造和利用"机会",加强对四个关键要素的引导和推动。这与波特的观点逻辑上是一致的,如其认为"政府"角色与需求条件的"预期需求"存在相关性:"这种预期需求可能会因该国政策或社会价值而引起"。但是波特仍然把"机会"和"政府"作为相对独立的分析要素,由此带来了要素边界模糊的问题。另一方面,"机会"要素一般说来难以量化,且对于多数国家而言,机会是相对公平的,机会的"不公平"蕴含于其他子要素之中,这也是"机会"之于各国可持续能源产业的不同价值所在。而"政府"角色总是受到环保压力等因素的影响,同时也必须通过公共政策(如强制配额、财政补贴、税收减免、碳交易以及碳税等)对可持续能源产业发展施加影响。因此,在可持续能源竞争力理论分析框架的构建中,本文将"机会"和"政府"的影响有机地融合到四大关键要素中,这样处理既可以使可持续能源竞争力指数综合指标与二级指标之间的联系更为密切,也可使各级相关要素指标之间的逻辑关系更加清晰。

（三）理论分析框架的构建

基于以上四点认识,我们已对波特的"钻石模型"做了进一步细化与修正。我们认为这些因素既可能加快可持续能源在一国的发展,也可能导致其增长停滞不前。

1. 生产要素

生产要素是指一国在可持续能源产业竞争中有关生产方面的表现,一般包括资源禀赋、资本投入、技术水平和劳动力水平等四个子要素。首先,可持续能源资源禀赋条件是各国发展可持续能源的物质基础,也是可持续能源产业发展的重要驱动力,其储量、分布以及可开发利用水平是一国的先天条件。一般而言,一国的可持续能源资源储备越丰富,开发潜力越大,资源的转换效率就越高;而可持续能源资源条件较差的国家,则面临较大的开发难度,并带来资源上的竞争劣势。为了避免泛泛而谈,本研究参照美国地质调查局的资源划分标准,对可持续能源资源储量做了相应的界定,即任何可持续能源在被纳入可利用资源储量时需要满足两个条件:经济的可行性与资源的可靠性。换言之,除了资源本身必须已被探明外,其开发产生的收益还应大于开发成本。其次,可持续能源产业属于资本密集型产业,具有规模大、周期长和回报慢等特点,资本投入对于可持续能源的装机容量、技术水平、技术创新和应用推广都有着举足轻重的作用。再次,技术水平是决定可持续能源发展进程的核心因素之一。先进的技术研发与应用能力,将显著提升可持续能源市场的设备生产能力和系统消纳能力,并满足不断扩大的电网接入和传输需求。最后,劳动力是任何国家财富产生的源泉,要评估国家可持续能源竞争力,自然无法撇开劳动力这一基础性因素。

2. 需求条件

需求条件是指市场对可持续能源产品或服务的需求,一般包括市场规模、替代成本、国内外环保压力和政策激励等四个子要素。首先,可持续能源产业的规模经济效应十分明显。一国的能源供应受其市场需求影响显著。市场规模越大,可预期的可持续能源增量需求越高,可持续能源的发展潜力越大。一旦技术被证明是可行的,市场规模的大小会导致可持续能源价格的变化。已有研究发现,当市场容量扩大到原来的 2 倍时,商品的价格就会降低 20%。[1]这表明市场需求是可持续能源产业发展的原动力,会刺激企业创新并且提高效率。其次,鉴于每个国家的能源需求总量是相对稳定的,可持续能源利用率

---

[1]　[澳]卡尔·马伦主编.可再生能源政策与政治——决策指南.锁箭,等译.北京:经济管理出版社.2014:6.

的提高将会侵蚀传统能源的市场份额,因此两者之间存在着一定的替代效应。由于能源具有商品属性,因而使用成本将是市场选择能源类型的重要因素。在化石能源价格比较低的时候,可持续能源替代成本相对较高,替代缺乏经济可行性。但随着化石能源价格上涨,替代动力与替代条件变得更为充分,替代投资成本就会下降,替代的可能性随之提高。[①] 再次,不论是为了应对气候变化谈判,还是出于本国可持续发展考虑,各国都面临着来自国内外巨大的环境保护压力。在能源领域,环保压力需要考虑两方面因素:一是各国的环境容量,二是某种能源使用所产生的环境效应。前者大于后者且两者差距越大,则该能源的环境竞争力就越强;反之,则竞争力越小。可持续能源具有清洁、绿色、低碳等特征,更多地利用可持续能源代替传统的高碳、高污染能源,将有效缓解一国的环保压力。最后,可持续能源产业的发展离不开公共政策的支持与激励。政策的连贯性是确保市场稳定的基础,它与可持续能源价格和产量都有着密切联系。鉴于可持续能源技术在商业转化方面已经较为成功,政府不太可能直接出资弥补可持续能源与传统化石能间的成本差异。相对于经济激励而言,政府更倾向于通过立法等政策手段激发企业的投资热情。这些政策有利于加快推进能源转型进程,即由传统化石能源为主逐渐转向积极发展可持续能源。

3. 相关产业与支持性产业

相关产业与支持性产业主要指与可持续能源产业关联紧密或具备提升效应的上下游产业及其相关产业,如在技术、设备或信息上有互通、互补或供求关系的相关产业,以及在可持续能源开发、转化、运输或利用等环节上有衔接关系的相关产业。这些产业是否具有国际竞争力,将对可持续能源产业的国际竞争力产生深远的影响,例如,一国要想提升其可持续能源产业的竞争优势,需要重视基础设施、产业集群、供应商、客户以及投融资等各方面的发展,这既包括为可持续能源的开发或转化提供设备的装备制造产业,还包括为可持续能源的运输和利用提供载体或途径的电力产业等。同时,相关产业与支持性产业的表现也是可持续能源项目投资环境的重要影响因素,主要考查因素包括可持续能源发电设备供应情况、基础设施配备、投融资环境等。优越的产业环境能够使可持续能源获得更强有力的支撑,降低项目开发成本,并带来

---

① 林伯强.中国能源经济的改革和发展.北京:科学出版社,2013:19.

更高的收益率。

4. 企业战略、企业结构和同业竞争

企业战略、企业结构和同业竞争主要指可持续能源企业在国内的组织结构和管理形态，以及国内市场竞争对手的表现。可持续能源产业的战略越是正确，结构越是合理，就越具有生产活力和产业竞争力；同业竞争越是自由激烈，则产业发展环境就越优越，资源配置就越高效。可持续能源产业的微观主体——企业的战略水平、管理水平以及在全球市场中的竞争力，是整个产业竞争力形成的微观基础和具体表现。在可持续能源产业竞争力中发挥着难以替代的基础性作用。首先，当前政策设计的目标是激励企业开发可持续能源项目，规范企业行为提高国际竞争力。其次，企业是可持续能源产业的实施主体，良好的企业竞争力对于降低可持续能源发电成本、提高产品质量起着至关重要的作用。再次，企业也是技术创新与应用的主体，较强的企业竞争力意味着一国可持续能源产业更具技术优势，活跃的企业竞争行为也将带动产业技术水平的不断进步。

基于改进"钻石模型"的可持续能源理论分析框架见表 2.1。

表 2.1　基于改进"钻石模型"的可持续能源理论分析框架

理论要素	定义	对应指标
生产要素	可持续能源产业竞争中有关生产资料方面的表现	包括资源禀赋、资本投入、技术水平和劳动力水平等四个子要素
需求条件	市场对可持续能源产品或服务的需求	包括市场规模、替代成本、环保压力、政策激励等四个子要素
相关产业与支持性产业	与可持续能源产业关联紧密或具备提升效应的上下游产业和相关产业的国际竞争力	电力、装备制造、可持续能源汽车等相关产业对可持续能源产业都具有一定的带动效应
企业战略、企业结构和同业竞争	可持续能源企业在国内的组织结构和管理形态，以及国内市场竞争对手的表现	可持续能源产业相关企业的战略水平、管理水平，以及全球市场竞争力是竞争力形成的微观基础和具体表现

三、可持续能源竞争力评价指标体系

（一）评价体系指标编制原则

本研究在设计可持续能源竞争力评价指标体系时遵循以下几项原则：

第一，理论创新与专家知识相结合的原则。

如前所述，"钻石模型"的研究重心在于国际贸易中可以自由竞争的产业和产业环节[①]，并遵循"强调'国内需求'、'国内供应商'"的国家向度。而各国政府对可持续能源产业的发展基本都采取了财政补贴、税收优惠和特殊保护的政策，因此，在全球化背景下，课题组基于全球向度和可持续能源产业发展的基本现状和未来趋势，对钻石模型进行了理论创新，并以此来指导指标体系的构建。同时，我们也不拘泥于模型框架，在具体指标尤其是需要测度的三级指标的筛选过程中，主要通过内部研讨以及向国内外相关领域专家发送问卷等方式加以甄别，以便课题研究的理论假设与专家的经验判断能够有机统一。

第二，代表性与可获得性兼顾的原则。

结合"钻石模型"，我们选取了生产要素、需求条件、相关产业与支持性产业以及企业要素作为一级指标，在此基础上，重点分析了可持续能源竞争力与资源、资本、技术、劳动力、市场规模、替代成本、环保压力、政策激励、相关产业投资吸引力、企业竞争力等变量与一级指标之间的关系和作用机制，进而提炼出一些最具代表性的可测度的要素指标，使其能够比较客观地反映全球主要国家的可持续能源竞争力状况。在此基础上，我们将指标数据的可获得性作为依据，对这些分解指标进行筛选。换言之，本项研究将围绕着促进可持续能源发展这一目标，在筛选具有代表性的要素指标时，针对数据获取以及指标量

---

① ［美］迈克尔·波特.国家竞争优势（第2版）.李明轩,邱如美,译.北京:中信出版社,2012:9.

化的难易进行取舍，以便充分利用国际能源署（IEA）、国际可再生能源署（IRENA）以及世界银行等权威基础数据库资源，采集具有时效性和可比较的数据，从而准确地测度全球主要国家可持续能源的竞争力水平。例如，二级指标"环保压力"按污染物种类原则上可以设置"二氧化硫减排压力""氮氧化物减排压力""PM2.5减排压力"以及"碳减排压力"等若干三级指标，然而考虑到数据的可获得性、准确性、权威性和可比较性，同时也基于各国对气候变化的普遍重视和二氧化碳排放的全球性影响，我们最终只选择了"碳减排压力"——"碳赤字"作为"环保压力"的三级指标；类似的还有二级指标"替代成本"的三级指标——"汽油价格水平"，二级指标"市场规模"的三级指标——"一次能源消费总量"等。需要说明的是，由于特定指标选取产生的评估结果与事实现象之间存在一定偏差，尽管不会对各国的整体表现和排名产生较大的影响，但是难免会使人产生疑问，对此我们会在国别分析中加以修正。

第三，经济、社会与环境等多重目标兼顾的原则。

正如世界经济论坛等机构所言，由于经济增长与环境可持续性，以及能源可用性与能源安全性等目标经常相互冲突，各国需要根据本国实际情况对上述政策目标做出轻重缓急之分。我们认为，各国政府在推动可持续能源发展的进程中也会面临政策的两难选择。政府希望采用某项政策实现上述所有目标只是一种理想状态。事实上，通过某个具体的驱动因素或激励机制来追求所有目标并不可行。例如，在德国等一些发达国家率先推行的绿色电力价格制度等激励政策，尽管可以促进可持续能源的发展，但也带来了市场扭曲、电价上涨等不利后果。[1] 面对上述两难选择，政府理应遵循以最小的经济及社会代价实现可持续能源发展目标的原则，即综合运用多种政策组合实现经济发展与环境可持续性及能源可用性与安全性等目标的动态平衡。为此，我们也将这一原则作为筛选指标的一项重要依据。

第四，鼓励竞争与共同进步的原则。

全球可持续能源竞争力报告重点关注的竞争领域集中在两方面：一方面是可持续能源相对于传统化石能源的竞争力，另一方面则是全球主要经济体在可持续能源领域的竞争力。现有研究表明，除了资源禀赋等客观因素，可持续能源能否在以传统化石能源为主体的能源结构中取得重要突破，主要取决于政府是否能够为其发展营造出较为理想的市场环境。如果政府给予传统化

---

① 《世界能源中国展望》课题组.世界能源中国展望 2014—2015.北京：中国社会科学出版社，2015：75-76.

石能源高额补贴,正如沙特阿拉伯和俄罗斯等油气资源极为丰富的国家所做的那样,那么可持续能源发展前景不容乐观。而一些传统化石能源资源禀赋很差的国家,由于推行了较为高昂的上网电价政策,反而为国内的可持续能源赢得了发展空间。一般来说,只有在国内产业竞争中处于不败之地,才能在国际竞争中站稳脚跟。不难想象,在可持续能源领域有着强大竞争优势的国家,除了拥有可资利用的可持续能源资源禀赋外,更为重要的是这些国家为这一产业在其国内的发展营造了良好的市场环境。套用阿尔·戈尔的名言,可能除了采取行动的意愿以外,全球主要国家都已经具备发展可持续能源的条件,而发展意愿本身就是一种可持续资源。

(二)评价指标体系的构建

第一,三级指标的选取与指标体系构建

三级指标是指标体系中具体反映可持续能源竞争力组成要素的基础性指标,也是指标体系中能够通过采集数据予以测量,并进行计算分析的指标。一般来说,这类指标的选取主要采用三种方法:统计概率法、专家咨询法和理论分析法。[①] 鉴于公开出版物中以全球可持续能源竞争力作为研究对象的中英文文献相当少,以指标出现频率的高低作为选取指标的依据缺乏可行性,因此本研究主要借助理论分析与专家咨询相结合的方法,在对可持续能源竞争力以及"钻石模型"的内涵和特征进行综合分析的基础上,经过多轮内部研讨,并广泛征询相关专家的意见,由此确定了三级指标,具体如表 3.1 所示。

第二,指标说明及数据来源

(1)可持续能源资源储量

资源储量是衡量资源禀赋的最常用指标。为了避免泛泛而谈,我们参照美国地质调查局(USGS)的资源划分标准,对可持续能源资源储量做了较为清晰的界定,即任何可持续能源在被纳入一国可利用资源储量时需要满足两个条件:经济的可行性与资源的可靠性。经济的可行性,即对这一资源的开发产生的收益大于成本。当然,这一点除了与资源所在区位密切相关外,还与可持续能源技术水平、化石能源的替代价格以及激励政策等因素密不可分。另一方面,由于日照有其间歇性,风往往是不连续的,水力也有枯水期和丰水期,

---

① 何贤杰等著.石油安全评价指标体系初步研究.北京:地质出版社,2006:33.

因此可持续能源的资源可靠性远不如传统化石能源，这也是制约资源储量统计的重要因素。

表 3.1　全球可持续能源竞争力指标体系

综合指标	一级指标	二级指标	三级指标
国家可持续能源竞争力综合指数	生产要素	资源（R）	可持续能源资源储量
		资本（C）	可持续能源投资额
		技术（T）	可持续能源技术创新指数
		劳动力（L）	可持续能源从业人数
	需求条件	市场规模（M）	一次能源消费总量
		替代成本（S）	汽油价格水平
		环保压力（E）	碳赤字
		政策激励（P）	可持续能源激励政策数量
	相关产业与支持性产业	相关产业投资吸引力（A）	可持续能源国家吸引力指数
	企业战略、企业结构、同业竞争	企业竞争力（En）	全球可持续能源企业五百强数

鉴于尚未有机构对各国的可持续能源资源储量做过定量统计，对此，我们只能对可持续能源资源储量进行定性评估。具体来说，课题组根据全球能源网络研究所（Global Energy Network Institute）提供的可持续能源资源在全球范围的分布情况，并且对照世界银行等机构提供的各国的国土面积以及森林覆盖率等基础性数据，将全球主要国家的各类可持续能源资源密度分为优、良、中、低、差共 5 个等级，对应等级系数分别为 5、4、3、2、1；然后将太阳能、风能、水能以及生物质能以其装机总量或者产生的热值的大致比例作为依据，分别赋予 2∶2∶2∶1 的权重，进行加权处理；最后，课题组还根据各类国家国土面积的大小分为五个等级，进行加权处理。最终，课题组根据评分值的高低将不同的国家分为优、良、中三个等级，并对应赋值 3、2、1。

（2）可持续能源投资额

彭博新能源财经（Bloomberg New Energy Finance，BNEF）自 2004 年成立以来便开始提供清洁能源投资资讯，有着全球最全的清洁能源交易信息数据库，在业内兼具权威性与时效性。有鉴于此，本研究选择了彭博新能源财经作为数据源。为了降低单一年度投资额的波动性产生的干扰，我们选取了金砖五国从 2013 年度至 2015 年度三年内在相关领域的投资总额作为参评数据，以便考察金砖五国企业在可持续能源领域的投资活跃度。

（3）可持续能源技术创新指数

本研究引用了长期追踪清洁技术创新的国际领先机构——清洁技术集团的 GCII。该指数是基于每个国家在清洁技术创新输入和创新输出的平均数。从定义上看，"输入"对应着与技术供应密切相关的创新创造过程，而"输出"则旨在评估该国创造有效需求、推动创新成果转化为商品的能力。从指数构成上看，除了包含新兴清洁技术创新数据外，该指数还考察了清洁技术商业化表现。因此，相对于发明专利数量等传统单一数据指标，该指数更能反映一国在清洁技术创新领域从实验室到商业应用的整个生命周期的综合表现。

（4）可持续能源从业人数

由于各国可再生能源行业的从业人数在劳动力总量中所占的比重相差悬殊，本研究并未选取各国的适龄劳动力人数作为衡量标准，而是选取了各国可持续能源从业人员数量作为衡量标准，该数据源自 IRENA 的研究报告。需要说明的是，在 IRENA 的系列报告中，大型水电的从业人数是单列的，并没有纳入到风电、太阳能发电、生物质能和小水电项目从业人数统计表中，鉴于大型水电已是可持续能源的重要组成部分，本报告将上述两组数据加总得出一国可持续能源从业人数。南非由于大型水电从业人数资料缺失，课题组根据该国的大型水电装机容量估算得出该项数据。

（5）一次能源消费总量

尽管在开放性的市场中，国内市场对可持续能源的需求量，尤其对发电设备的需求量并不必然与该国的产业竞争优势相符，因为即便是国内市场较小，该国企业同样可以获取国际市场份额，成为这一行业的领跑者。然而，国内市场需求旺盛无疑会激励企业积极进行生产设备投资、技术开发、生产率提高。在当前贸易保护主义抬头的情况下，每国国内市场规模的大小对于企业的重要性日益凸显。鉴于可持续能源不仅仅转化为电力，生物燃料等产业也是交通燃料的重要补充，因此本报告选取了一次能源消费总量作为表征一国市场规模大小的核心指标。英国石油公司（BP）每年公开发布的《全球能源统计年鉴》（BP Statistical Review of World Energy）在业内享有盛誉，是一次能源消费总量的数据来源。

（6）汽油价格水平

可持续能源与化石能源存在着相互替代的关系。而汽油价格作为全球最常用的衡量化石能源价格的指标之一，可以较为准确地反映各国化石能源的价格水平。从现实情况看，一国的汽油价格越高，就越可能促进可持续能源替代化石燃料，西欧、日本以及其他能源利用更加清洁高效的发达国家就是很好的例证，而沙特和俄罗斯则是典型的反面案例。全球汽油价格网（global-petrolprices. com）提供了翔实的各国汽油价格数据。

（7）碳赤字

碳赤字研究是在气候变化日益严峻的大背景下展开的，旨在为应对气候变化、促进温室气体减排、完善碳交易市场和征收碳税等措施提供政策依据。本研究在前期理论创新的系列成果上[1][2]，将碳足迹与国际上非常著名的"行星边界"理论结合起来，以政府间气候变化委员会（Intergovernmental Panel on Climate Change，IPCC）第五次评估报告和气候变化《巴黎协定》确定的目标为依据，本着可持续发展"公平、公正"的原则，对金砖国家的年际碳排放量及 2050 年之前的碳排放空间进行了精确核算，并据此测度了各国的碳赤字，从而达到量化各国温室气体排放的环境压力之目的。

（8）可持续能源激励政策数量

政策的稳定是确保市场稳定的基础，它与可持续能源价格与产量都有着密切联系。鉴于可持续能源技术在商业转化方面已经较为成功，政府直接出资弥补可持续能源与传统化石能源成本差异的必要性已经大为降低。相对于经济激励而言，政府更擅长的领域是政策激励与立法支持，以便利用稳定的政策预期激发企业的投资热情。而为了防范气候变化、环境污染以及化石燃料价格大幅波动带来的危害，各国政府已经出台了一系列政策鼓励可持续能源产业发展。这些政策不仅降低了化石燃料利用带来的环境问题，同时加快了能源转型速度。本报告关注的可持续能源激励政策涵盖了总量目标（Renewable Energy Targets）、上网电价（Feed-in Tariff）、电力配额义务（Electricity Quota Obligation）、净计量（Net Metering）、运输义务（Transportation Obligation）、供热义务（Heat Obligation）、交易记录（Tradeable REC）、招标（Tendering）、资金补贴、补助或折扣（Capital Subsidy，Grant，or Rebate）、投资或生产税收抵免（Investment or Production Tax Credits）、减少销售、能源、增值

① Fang K，Heijungs R，de Snoo RG. Understanding the complementary linkages between environmental footprints and planetary boundaries in a footprint-boundary environmental sustainability assessment framework. Ecological Economics，2015，114：218-226.

② Fang K，Heijungs R，Duan Z，de Snoo RG. The environmental sustainability of nations：Benchmarking the water，carbon and land footprints with allocated planetary boundaries. Sustainability，2015，7：11285-11305.

税或其他税(Reduction in Sales，Energy，VAT or Other Taxes)、能源生产付款(Energy Production Payment)、公共投资、贷款或赠款(Public Investment，Loans，or Grants)等十三大领域。21 世纪可再生能源政策网络(Renewable Energy Policy Network for the 21st Century，REN21)[①]发布的《全球可再生能源发展现状 2016》(Renewables 2016 Global Status Report)报告是统计金砖国家可持续能源激励政策数量的文本依据。

(9)可持续能源国家吸引力指数

如若要提升可持续能源产业的竞争优势，一国需要在基础设施、产业集群、供应商、客户以及投融资等各方面齐头并进。为了更好地评估可持续能源相关产业与支持性产业的表现，本项研究选取了全球知名的安永会计师事务所编制的《可再生能源国家吸引力指数》作为数据来源。该指数是安永为了评估全球重要国家在包括太阳能、风能、生物质能、水电等可持续能源投资环境的优劣程度而制定的，主要就一国可持续能源市场、可持续能源基础设施以及各项技术的适配性打分，并根据各国的综合得分进行排名，目前该指数已经涵盖全球 40 个国家，且会根据各国投资环境变化定期进行更新。

(10)全球可持续能源企业五百强数

与油气产业不同的是，在可持续能源领域大多是规模较小的中小企业，这些企业竞争较为充分，技术更新很快，基本没有形成类似于石油巨头垄断的局面。为了衡量该行业同业竞争的活跃度，本研究选取了《中国能源报》与中国能源经济研究院共同推出的《2015 全球新能源企业 500 强》评估报告作为数据来源。从 2011 年至今，上述机构已经连续 5 年对"全球新能源企业 500 强"进行跟踪研究，具备较强公信力和影响力。

表 3.2 详细说明了本研究所用的评价指标体系及数据来源。

表 3.2　评价体系指标说明及数据来源

指标名称	指标说明	数据来源
可持续能源资源储量	资源储量是衡量资源禀赋的最常用指标，反映了一国可开发资源潜力	Global Energy Network Institute
可持续能源投资额	可持续能源属资本密集型产业，资本投入对产业发展至关重要，本研究选取 2013 年至 2015 年三年间投资总额作为衡量标准。投资额越高，表明资本存量就越大	Bloomberg New Energy Finance

① 该机构是一个由政府机构、国际组织、行业协会等组成的全球性组织，在业内颇具影响力。

续表

指标名称	指标说明	数据来源
可持续能源技术创新指数	广义上的技术进步包含了整合技术以提高效率、提高产品质量以争取更佳售价、对新产业或产业新环节的渗透、不断提高生产力等。本研究引用清洁技术集团的清洁技术创新指数,数值越高,表明可持续能源技术创新能力越强	The Global Cleantech Innovation Index
可持续能源从业人数	劳动力是任何国家财富产生的源泉,为了综合评估劳动力数量、素质、雇佣成本及组织能力,本研究选取了各国可持续能源从业人员数量作为衡量标准。从业人数越多,表明该产业规模越大	International Renewable Energy Agency, http://resourceirena.irena.org/
一次能源消费总量	可持续能源规模经济效应明显,市场容量翻一番商品价格就降低 20%。本报告选取了能够反映各国内需市场总量的一次能源消费总量作为衡量标准。该数值越高,则整体市场规模越大	BP Statistical Review of World Energy 2016
汽油价格水平	可持续能源与传统化石能源之间存在着替代关系。作为全球最常用的化石能源价格衡量指标之一,汽油价格可以较为准确地反映各国化石能源的价格水平。一国内汽油价格越高,就可能导致越多可持续能源取代化石燃料	Globalpetrolprices.com
碳赤字	碳赤字研究旨在为应对气候变化、温室气体减排、碳交易、碳税等提供政策依据。本报告将碳足迹与"行星边界"理论相结合,以 IPCC 最新评估报告确定的目标为依据,本着公平、公正的原则,对各国年际碳排放量及 2050 年前碳排放空间进行了精确核算。碳赤字越高,表明开发可持续能源的国际压力越大	Fang 等(2015 a,b)
可持续能源激励政策数量	政策稳定是确保市场稳定的基础,它与可持续能源价格与产量都有密切联系。本报告关注的激励政策涵盖了总量目标、上网电价、电力配额义务、净计量、运输义务、供热义务、交易记录、招标、资金补贴、补助或折扣、投资或生产税收抵免、减少销售、能源、增值税或其他税、能源生产付款、公共投资、贷款或赠款等十三大领域。实施的政策覆盖领域越广泛,则表明政府越重视可持续能源发展	Renewables 2016: Global Status Report

指标名称	指标说明	数据来源
可持续能源国家吸引力指数	一国可持续能源竞争力与基础设施、产业集群、供应商、客户与投融资等因素息息相关。为评估全球主要国家可持续能源投资环境的优劣程度，本报告选取了安永会计师事务所编制的《可再生能源国家吸引力指数》作为依据，指数得分越高，表明产业投资吸引力越大	Renewable Energy Country Attractiveness Index 2015
全球可持续能源企业五百强数量	企业作为竞争主体在可持续能源产业竞争力中发挥重要作用。可持续能源产业五百强企业数越多，该国产业实力越强，竞争力也越强	2015 全球新能源企业 500 强排行榜

四、指标权重确定和指数统计测算

（一）指标权重确定及其方法

1. 指标权重确定的方法

指标权重的确定直接关系到评价指标体系的科学性和公正性，也最容易引起评论者的批评。一般说来，等权重赋值与不等权重赋值都是常见的权重确定方法。等权重赋值如李晓西"人类绿色发展指数（HGDI）"，以及世界经济论坛和埃森哲的"全球能源架构绩效指数（EAPI）"；非等权重赋值如华东政法大学的"国家参与全球治理指数（SPIGG）"、福建师范大学的"全球环境竞争力（指数）"和世界经济论坛"全球竞争力指数（GCI）"。鉴于相关子要素对可持续能源竞争力综合指数的贡献值明显存在区别，为了确保各级要素指标权重的公平客观，并使其测量科学、合理，课题组充分参照国内外相关学术文献、政府文献、专业书籍等已有研究成果，并且征求国内外相关领域专家意见，对各级要素指标的重要程度进行论证，采用"德尔菲法"与层次分析法（Analytic Hierarchy Process，AHP）相结合的权重分配方法。

德尔菲法，是以古希腊城市德尔菲（Delphi）命名的反馈匿名函询法，[①] 由组织者就拟定的问题设计调查表，通过函件分别向选定的专家组成员征询调查，按照规定程序，专家组成员之间通过回答组织者的问题匿名地交流意见，通过几轮征询和反馈，专家们的意见逐渐集中，最后获得具有统计学意义的专家集体判断结果。实践表明，德尔菲法能够充分利用专家的知识、经验和智慧，对于避免盲目屈从权威或简单少数服从多数、实现决策科学化和民主化具

---

① 田军,张朋柱,王刊良,汪应洛.基于德尔菲法的专家意见集成模型研究.系统工程理论与实践,2004(1):57-62,69.

有重要价值,已成为权重赋值的有效手段。

层次分析法是对难以完全定量的复杂系统作出决策的建模方法。通过分析复杂问题包含的因素及其相互联系,将问题分解为不同的要素,并将这些要素归并为不同的层次,从而形成多层次结构。本课题将可持续能源竞争力综合指标权重赋值作为决策问题,对其进行层次化处理,将可持续能源竞争力综合指数作为最高层级的总目标,将生产要素等四大要素作为第二层级,将资源禀赋等十个要素作为第三层级,将可持续能源竞争力研究指标体系权重归结为各级指标相对于最高层级总目标——综合指数的相对重要程度的权值。如此处理,便可将权重赋值过程系统化、数学化和模型化,便于操作与计算,易于理解和接受,具有多重优势:

(1)将定性分析与定量分析相结合,能够处理许多用最优化技术无法解决的实际问题,因为通常最优化方法只能用于定量分析。可持续能源竞争力综合指数的各级子要素之间的重要程度无法精确定量,层次分析法就提供了相应的量化方法与计算方法。

(2)操作方式简便易行,它可以将相对复杂困难的权重赋值问题,简化为两两对比的简单问题。可持续能源竞争力综合指数的子要素指标共计 10 个,若统一赋值,将给受访专家带来极大的困扰,其结果的科学性也将大打折扣。为此,课题组通过层次分析法的运用,将 10 个指标权重统一赋值问题,简化为区分度更为明显、操作更为便利的一对一比较,1~9 的标度也符合具有不同专业背景的专家的基本判断能力。

(3)层次分析模型的输入数据主要是研究者和咨询专家的选择和判断,充分反映和利用了专家对综合问题的认知能力。可持续能源竞争力综合指数子要素指标权重赋值的相关咨询专家都是国内外多年从事能源相关研究的专家学者和企业及政府机构的资深人士,层次分析法为课题组应用他们的才智和研究经验提供了便捷有效的工具。

(4)分析时所需要的定量数据量在可掌控范围内,足以保证对问题的本质、所涉及的要素及其内在关联分析得比较透彻、清晰。可持续能源竞争力综合指数子要素指标权重赋值,并不需要受访专家全面精确地掌握或利用相关数据,而把重点放在不同层级不同要素之间的有机联系上,仅需根据其专业水平和经验积累进行综合研判。

2. 指标权重确定

步骤一:建立递阶层次结构,构造层次分析模型对各国的可持续能源发展状况进行评价，不仅需要进行详尽深入的理论分析和探讨，更需要将其纳入一个相对公平合理的评价框架。为此，课题组运用层次分析法，将内容庞杂、数据紊乱、因素繁多、可比性差、难以量化的可持续能源发展的复杂系统，简化为层次清晰、结构严谨、因素有限、数据可比、可量化研究的层次结构模型。

综合指标层：通过国家可持续能源产业竞争力综合指数，测算金砖国家可持续能源产业竞争力的高低。

一级指标层：指影响目标实现的基本理论架构，本次研究的一级指标层采用了"钻石模型"的分析框架，包含生产要素，需求条件，相关产业与支持性产业，企业战略、企业结构与同业竞争等四个方面。

二级指标层：指影响一级指标实现的分解指标，本次研究的二级指标共计10个，即资源（R）、资本（C）、技术（T）、劳动力（L）、市场规模（M）、替代成本（S）、环保压力（E）、政策激励（P），相关产业投资吸引力（A），企业竞争力（En）。

三级指标层：指影响二级指标实现的分解指标，本次研究的三级指标和二级指标一一对应，三级指标共计10个，包括：可持续能源资源储量（＋）、可持续能源投资额（＋）、可持续能源技术创新指数（＋）、可持续能源从业人数（＋），一次能源消费总量（＋）、汽油价格水平（＋）、碳赤字（＋）、可持续能源激励政策数量（＋）、可持续能源国家吸引力指数（＋）、全球可持续能源企业五百强数量（＋）。层次分析模型见图4.1。

步骤二：构造判断矩阵并赋值

利用 YAAHP 层次分析法软件进行建模后，直接生成调查问卷，采用德尔菲法让专家在1~9的区间内对一级指标和二级指标的权重进行赋值。课题组一共咨询了42位专家学者或业内资深人士，其中，高等学校任职或就读的研究人员24人，政府机构任职人员1人，企业及行业组织任职的研究人员8人，研究机构研究人员9人；境外机构任职13人，境内机构任职29人；具有博士学历学位的29人，占69.05％；具有高级职称的16人，占38.10％。问卷对象具体构成与地区分布见图4.2。

步骤三：层次单排序（计算权向量）与检验

判断矩阵满足一致性检验，在检验结果基础之上，最终确定指标权重。如表4.1所示。

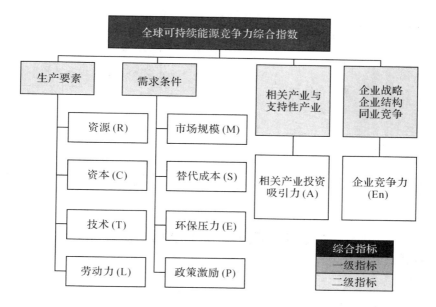

图 4.1　全球可持续能源竞争力指标体系的层次分析模型

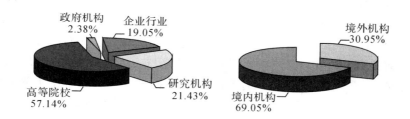

图 4.2　咨询专家行业构成和地区分布

表 4.1　全球可持续能源竞争力指数指标权重

一级指标	二级指标	权重
生产要素	资源（R）	0.0777
	资本（C）	0.0953
	技术（T）	0.1306
	劳动力（L）	0.0266

续表

一级指标	二级指标	权重
需求条件	市场规模（M）	0.1029
	替代成本（S）	0.1004
	环保压力（E）	0.0726
	政策激励（P）	0.1238
相关产业与支持性产业	相关产业投资吸引力（A）	0.1333
企业战略、企业结构和同业竞争	企业竞争力（En）	0.1368

注：由于三级指标与二级指标之间是一一对应关系，二级指标权重即为三级指标权重。

（二）指数统计测算及其方法

1．数据标准化

对评价指标进行一致性处理，是指数测算的重要环节，也是统计测算的基本步骤。在对比分析人类发展指数（HDI）、环境可持续性指数（ESI）、环境绩效指数（EPI）、全球竞争力指数（GCI）、人类绿色发展指数（HGDI）、国家参与全球治理指数（SPIGG）等国内外权威指数测算方法的基础上，本课题采用最大最小值法与方差标准化法分别进行了标准化，并加以比较。基于数据表达的直观性和统计分析的需要，课题组最终采用最大最小值法以及 0.1～0.9 的区间修正，对可持续能源产业竞争力综合指数子要素的相关数据进行标准化，即先确定 10 个指标的组内最大值和最小值，然后进行标准化。标准化结果如表 4.2 所示。

表 4.2　二级指标数据标准化结果

指标 ＼ 国家	中国	巴西	印度	南非	俄罗斯
资源	0.9000	0.9000	0.1000	0.1000	0.9000
资本	0.9000	0.1596	0.1779	0.1278	0.1000
技术	0.9000	0.6681	0.7609	0.4246	0.1000
劳动力	0.9000	0.3366	0.2071	0.1000	0.1087

指标 ＼ 国家	中国	巴西	印度	南非	俄罗斯
市场规模	0.9000	0.1467	0.2595	0.1000	0.2502
替代成本	0.6571	0.9000	0.7000	0.5286	0.1000
环保压力	0.3180	0.2979	0.1000	0.6428	0.9000
政策激励	0.7222	0.4556	0.9000	0.4556	0.1000
相关产业投资吸引力	0.9000	0.5025	0.6938	0.4205	0.1000
企业竞争力	0.9000	0.1571	0.1429	0.1048	0.1000

2. 统计测算

通过对二、三级指标数据及其所赋权重的计算,我们得出了金砖国家可持续能源竞争力的排名与表现情况(表 4.3)。可以发现,中国具有很强的可持续能源产业竞争优势,位列首位。分别位列第二、第三的印度、巴西两国则在伯仲之间,但与中国差距较大。南非和俄罗斯两国则分别位列第四、第五,表明它们的可持续能源竞争力总体较弱。

表 4.3　金砖国家可持续能源竞争力综合指数及排名

国家	得分	排名
中国	0.8114	1
印度	0.4573	2
巴西	0.4533	3
南非	0.3149	4
俄罗斯	0.2359	5

图 4.3、图 4.4 分别用蛛网模型展现出五国可持续能源竞争力综合指数与可持续能源竞争力各要素对比情况。图 4.5 则用三级指标各要素反映出五国可持续能源竞争力对比情况。

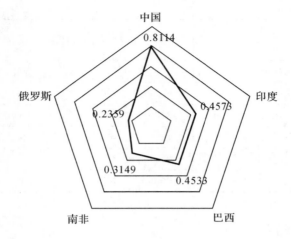

图 4.3　金砖国家可持续能源竞争力综合指数

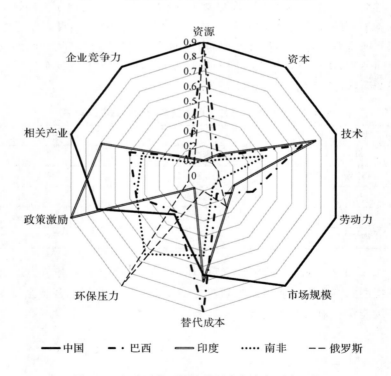

图 4.4　金砖国家可持续能源竞争力各要素比较

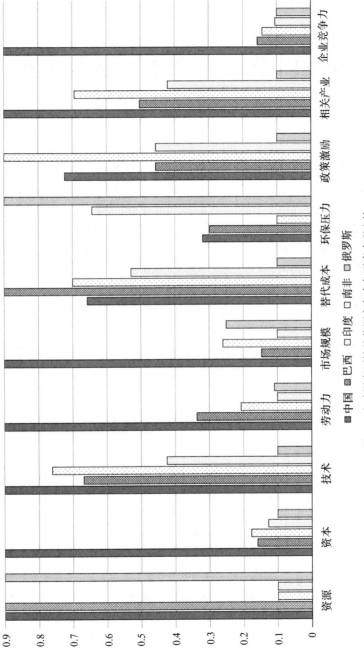

图4.5　金砖国家可持续能源竞争力各要素表现比较

五、中国可持续能源竞争力分析

得益于庞大的经济规模与强劲的经济增速,中国在金砖国家中居于十分重要并且独特的地位。从经济总量来看,中国的经济规模已超过其他四个国家的总和。就经济竞争力来看,世界经济论坛认为中国的经济竞争力在最近几年来一直位居金砖国家首位。与整体经济状况类似,相对于其他金砖国家,目前中国在风能、太阳能以及水力发电上的总体规模以及可持续能源产业综合竞争力方面都处于领先地位。中国在可持续能源领域取得的成就也引起了其他金砖国家的重视,认真总结并且借鉴中国在这一领域的成功经验无疑将有助于这些国家更加合理地开发国内的风能、太阳能以及水能等资源。与此同时,中国仍需要重视在可持续能源领域出现的老问题与新挑战,只有解决好在研发、生产、销售以及使用等产业链相关环节出现的诸多问题,其可持续能源产业才能持续健康发展,中国宏伟的非化石能源发展目标与碳减排的庄严承诺才会得以实现。

(一)可持续能源产业概况

得益于本国强大的制造业基础与政府的政策支持,目前中国的可持续能源产业无论是在装机总量还是在年新增量上都在各国中处于领先地位。与印度、巴西等国相比,中国可持续能源产业的起步并不算早。然而,中国在可持续能源产业领域的发展速度却是大多数国家难以企及的。自2005年以来,中国的风能、太阳能等产业在短短十年内就已经历了从起步到快速发展乃至成为世界领先的不同发展阶段。

截至2015年底,中国以水电、风电和太阳能发电为主的可持续能源电力总装机容量已经达到496 GW,占金砖国家总量的66%,占全球总量的27%。就总量而言,中国的可持续能源装机容量已相当于位居其后的美国、德国、日本、印度和意大利这五个国家之和。其中,水电装机容量已经高达296 GW,相当于巴西、美国、加拿大和俄罗斯这四个传统水电大国的装机容量之和，其中，仅在 2015 年中国新增水电装机容量就高达16.1 GW。中国风电装机容量已经达到145 GW，总体规模是位居其后的美国、德国和印度三个国家之和。2015 年新增装机容量33 GW，比印度 2015 年底的装机总量还要高。目前中国的光伏发电装机容量为43.5 GW，已经超越德国成为全球光伏发电装机容量最大的国家，其中 2015 年新增装机容量15.2 GW。①

从发电量来看，2015 年中国包含水电在内的全部可持续能源电力消纳量为 13625 亿 kW·h，占全社会用电量的 24.5%。其中水电发电量为 10985 亿 kW·h，占全部发电量的 19.6%；风电发电量为 1863 亿 kW·h，占全部发电量的 3.3%；光伏发电量 392 亿 kW·h，占全部发电量的 0.7%；生物质发电量 527 亿 kW·h，占全部发电量的 0.9%。如果综合考虑各省本地生产、就地利用以及外送电力消纳量情况，2015 年云南、西藏、四川、青海、广西等地的可持续能源电力消纳量占本地区全社会用电量的比重②已经超过 50%，而山东、天津、河北、北京、山西、河南、安徽、海南、辽宁等地的相应比重都还不足 10%。③

尽管中国可持续能源产业已经取得了长足进步，但是在产业链的各个环节仍然面临着重大挑战。首先，在技术研发领域，中国的企业同以色列、美国、丹麦等国的企业相比仍有很大差距。据清洁技术集团研究，中国在清洁能源技术初始投资阶段的表现不尽如人意，不仅远不及以色列、芬兰、美国等国，而且也不如印度的表现出色。④ 中国可持续能源产业中有很多企业的技术来源主要依靠从西方合作伙伴手中大量引进，但这些"先进技术"往往只以设备、生产线或技术图纸为载体。在这种缺乏自主创新能力的情况下，一旦西方跨国公司采取技术变轨战略，中国本土企业在初始产能上的大量投资就很容易变成落后产能。⑤

其次，尽管中国已经具备强大的制造业基础，在可持续能源产品生产领域有着很强的竞争力，但是这种以量取胜的竞争策略本身也潜伏着危机，容易使

① REN21，Renewables 2016 Global Status Report，2016：141-145.

② 可持续能源电力消纳量占全社会用电量的比重＝送端并网点计量的全部可持续能源上网电量/送端并网点计量的全部上网电量。

③ 国家能源局.2015 年度全国可再生能源电力发展监测评价报告.2016-8-16，http://zfxxgk.nea.gov.cn/auto87/201608/t20160823_2289.htm? keywords=.

④ Cleantech Group & WWF. The Global Cleantech Innovation Index 2014. 2014：13.

⑤ 清华大学产业发展与环境治理研究中心.中国新兴能源产业的创新支撑体系及政策研究.2014：78，http://www.efchina.org/Reports-zh/reports-20130630-zh.

相关产业陷入产能过剩的困局。由于缺乏技术创新能力，国内企业只能通过大规模引进技术和设备的方式建立生产线，这使中国在短期内就能建立起庞大的产能。如果市场处于高速成长期，这一靠规模制胜的策略有很大可能取得预期成效。然而，当市场需求处于饱和状态时，相关企业为了争夺市场份额会不惜采取打价格战的策略，使得相关产业陷入恶性竞争状态，从而很可能导致中国企业陷入欧美国家的"双反"陷阱。

最后，在市场开发环节上，可持续能源发电一直没有很好解决风光发电无法并网的老大难问题。西方国家的贸易保护主义行为使得中国企业的海外订单流失严重，由此也进一步加剧了国内的产能过剩。为此，中国政府积极出台政策支持风能、太阳能发电设备在国内的大规模推广与应用。然而，部分源于政策本身缺乏预见性，风电、光伏发电装机容量的快速增长也导致了清洁电力难以入网和附加补助入不敷出等问题。

（二）可持续能源产业指标要素分析

中国在可持续能源产业竞争力中表现优异，总体表现在金砖国家中居于首位。在生产要素方面，中国在资源、资本、技术、劳动力四个组成要素上都表现得较出色，已成为全球最重要的可持续能源产业基地；在需求条件方面，国内庞大的市场规模有力地助推了中国可持续能源产业的快速发展；在相关产业与支持产业方面，中国对于风电、光伏发电等企业投资创业也有着较强的吸引力；在企业战略、企业结构、同业竞争方面，中国也有着为数众多的可持续能源企业，这也有助于该产业的健康发展。

首先，如图 5.1 所示，中国在资源储量上与俄罗斯和巴西处于同一数量级，都已经具备良好的水力、风能和太阳能等资源。中国产业资本雄厚，最近数年在可持续能源产业的投资额不仅位居金砖国家的首位，而且据彭博新能源财经统计，中国早在 2013 年时就已经超越美国和德国成为全球最重要的清洁能源投资国。2015 年，中国在该领域的投资额已达到 1105 亿美元，是金砖国家第二大重要投资国印度相关投资额的 10 倍。[①] 在技术表现上，尽管在初始投资阶段表现不佳，但是中国在清洁技术商业化推广应用领域的表现比绝大多数国家出色，仅稍逊色于丹麦、巴西和新西兰三国。得益于政策鼓励与研

① 数据采集自彭博新能源财经：http://about.newenergyfinance.com/about/.

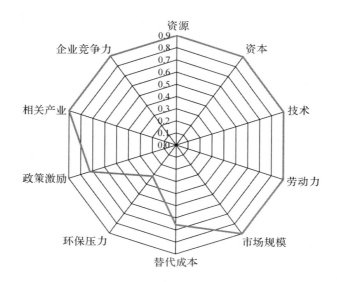

图 5.1　中国可持续能源竞争力各指标表现

发投入的增加,中国在技术应用领域的表现要强于印度、巴西、南非与俄罗斯。[1] 在可持续能源从业人数方面,中国凭借着庞大的产业规模而占据着优势地位。据国际可再生能源署统计,2015 年中国光伏产业从业人数已经达到165 万人,光热发电为 74 万人,风电为 51 万人,另外,生物质能的从业人数也已经达到 52 万人,小水电从业人数为 10 万人,大型水电从业人数为 44 万人。中国可持续能源产业从业人数比位居其后的巴西、美国、印度、日本、德国、法国六个国家的总和还要多。[2]

其次,在市场规模方面,多年来本国经济的快速增长导致了中国能源消费的急剧膨胀。2009 年,中国就已超越美国成为全球最大的能源消费国,约占全球一次能源消费总量的 20%。2015 年,中国一次能源消费已经占到全球总量的 22.9%,不仅远高于其他金砖国家,而且已经超过了北美地区的能源消费总量。即便是按人均能耗计,目前中国的人均能源消费量也已经达到全球平均水平。在能源消费总量快速增长的同时,可持续能源更是处于高速增长期。2015 年,包括水电、风能、太阳能为主的能源消费量相比 2005 年增长了

①　Cleantech Group & WWF. The Global Cleantech Innovation Index 2014. 2014:13.

②　International Renewable Energy Agency. Renewable Energy and Jobs:Annual Review 2016. Abu Dhabi:United Arab Emirates,2016:17. http://www.irena.org.

218％。如果排除水电，其增长幅度更是高达 36 倍。目前，可持续能源约占中国一次能源消费总量的 11％。[①]

再者，在相关产业与支持性产业方面，中国对于风电、光伏发电等企业投资创业也有着很强的吸引力。据安永会计师事务所研究，中国可持续能源产业投资吸引力在全球 40 个重要国家排名中仅次于美国，而印度、巴西、南非与俄罗斯则分别位列第 3、8、12 和 39 位。中国的良好表现主要源于政府制定了雄心勃勃的发展目标，并能将其付诸实施。国内旺盛的能源需求和巨大的环保压力促使中国政府制定了宏伟的可持续能源发展目标。在未来五年内中国计划安装的风电和光伏发电的规模是美国的两倍，并且政府和企业正在竭尽所能完成这一发展目标。尽管如此，中国国内投资环境仍有不尽如人意之处。例如，国内广阔的市场并未完全对外资企业和民营企业开放，而最近中国经济放缓也可能会对可持续能源的发展带来不利影响。不仅如此，由于电网建设还无法跟上国内可持续能源的发展进程，2015 年上半年，中国风电的弃风率已经高达 15％，与之对应，太阳能发电的弃光率也已经达到了 9％。这也是造成中国在投资环境方面的整体表现不及美国的主要原因。[②]

最后，在企业战略、企业结构和同业竞争方面，中国也有着为数众多的可持续能源企业，这也有助于这一产业的健康发展。据中国能源经济研究院统计，在以太阳能、生物质能与风电三足鼎立的全球新能源企业排行榜中，2015 年中国企业在全球 500 强中占据 168 席，其中大陆企业有 145 家，台湾企业有 18 家，香港企业有 5 家。中国入选企业数仍然占据绝对优势，不仅远多于印度、巴西、南非和俄罗斯等国，而且也高于美国、日本等国。除了总体企业数量，中国入选企业平均每家营业收入为 40.38 亿元，较以往有了显著的提高。此外，这些数量庞大的企业覆盖了产业上游原材料、中间制造环节、下游终端应用以及与此相关的配套环节，使得中国的可持续能源产业及企业的国际竞争力得以相应提升。

然而，美中不足的是，在企业 500 强榜单中排名前十的企业依旧没有中国的企业，除了排名第十的来自于巴西以外，其他全部来自于欧美等发达国家，而中国排名最高的企业是协鑫（集团）控股有限公司，目前位居第十一位。这

---

① BP. BP Statistical Review of World Energy June 2016，65th edition，2016：40-41. http://www. bp. com/content/dam/bp/pdf/energy-economics/statistical-review-2016/bp-statistical-review-of-world-energy-2016-full-report.pdf.

② Ernst & Young. Renewable Energy Country Attractiveness Index，Issue 45，2015：20-21.

在某种程度上反映了中国可持续能源企业还有着大而不强的问题。①

相比前几项,中国在替代成本、碳赤字与激励政策方面尚不及其他国家。

首先,在替代成本方面,中国国内的汽油价格在金砖国家中处于中游水平,没有巴西和印度那么高,但比南非和俄罗斯要高。这也表明在巴西和印度开发生物质燃料将会比在中国开发更加有利可图。

其次,在碳赤字方面,中国同样在金砖国家中处于中游水平,目前人均碳排放水平更高的俄罗斯与南非在碳赤字评估上都位于中国之前,而巴西和印度的人均碳排放处于更低水平。不过碳排放总量居高不下也是促使中国积极开发可持续能源的重要驱动力。

最后,在政策激励方面,据21世纪可再生能源政策网络(REN21)统计,中国在政策领域涵盖了总量目标、上网电价、电力配额义务、运输义务、供热义务、招标、资金补贴、补助或折扣、投资或生产税收抵免、减少销售、能源、增值税或其他税、能源生产付款、公共投资、贷款或赠款等十一个领域。从政策覆盖面来看,印度在可持续能源激励政策上表现得比中国更加出色。事实上,印度在政策领域还进一步涵盖了净计量和交易记录两大领域,这或许也得益于印度专门成立了新能源和可再生能源部。相比印度和中国而言,巴西和南非则稍逊一筹,而俄罗斯则在这一领域表现不佳。

(三)主要可持续能源产业分析

鉴于资源与环境的约束越来越明显,中国政府越来越重视可持续能源的开发与利用。除了在能源发展五年规划中强调需要积极推动清洁能源产业发展外,中国政府还在2014年底发布的《能源发展战略行动计划》中明确提出,将按照输出与就地消纳利用并重、集中式与分布式发展并举的原则,积极开发水电,大力发展风电,加快发展太阳能发电,积极发展地热能、生物质能和海洋能。② 在政府政策激励下,近年来中国的风能、太阳能发电甚至水力发电都进入了快速发展期。

---

① 解树江,魏秋利. 2015全球新能源企业500强分析报告. 中国能源网,2015-10-19. http://www.cnenergy.org/yw/201510/t20151019_193165.html.

② 国务院办公厅. 国务院办公厅关于印发能源发展战略行动计划(2014—2020年)的通知. 2014-11-19. http://www.gov.cn/zhengce/content/2014-11/19/content_9222.htm.

1. 风力发电发展迅速，弃风现象仍然突出

相比欧盟和美国，中国的风力发电起步比较晚，不过按当前的装机容量计已经超越美国成为全球最大的风力发电国。据全球风能理事会（GWEC）统计，中国风电的装机容量在 2001 年时仅略高于 400 MW，此后数年增长较为缓慢。进入 2005 年后，中国颁布了《可再生能源法》，建立了推动风电发展的能源政策体系，制定了分区域电价、特许权招标、优先并网等一系列鼓励风电发展的政策措施，中国风电发展由此进入了快速增长期。

"十一五"（2006—2010）期间，受风电装机每年翻番的激励，政府将先前制定的 2010 年风电发展目标从 5 GW 大幅提升至 10 GW。不过，每年风电的实际增长速度仍然远超预期，到 2010 年底达到了 31 GW。在《风电发展"十二五"规划》中，中国政府制定了到 2015 年投入运行的风电装机容量将达到 100 GW，年发电量达到 1900 亿 kW·h，风电发电量在全部发电量中的比重将超过 3% 的总体发展目标。截至 2015 年底，国内风电装机容量已经增至 145 GW，风电发电量为 1863 亿 kW·h，占全部发电量的 3.3%，除了发电量尚不及预期外，其余两项目标皆已超额完成。由此，风电已经成为中国继水电之后又一个达到了 100 GW 级的可持续能源品种。

与此同时，中国的风电设备制造企业也开始全面崛起。2015 年在国内市场份额位居前十的企业全都来自于中国本土，它们共占据 81% 的市场份额。其中，位居第一的金风科技的市场占有率更是高达 25.2%。[①] 凭借着在中国市场的出色表现，该公司已经超越丹麦的维斯塔斯（Vestas）成为全球最大的风电整机制造商。不过，相对于国外同行而言，中国企业在国际市场的表现并不突出，其产品销售主要依赖于国内市场。

尽管中国的风电产业已取得了长足进步，不过相对于丰富的风力资源而言仍有潜力可挖。据国家发改委能源研究所评估，中国包括海上风电在内的风电技术可开发潜力估计在 700～1200 GW 的规模，如果风电装机到 2030 年时达到 300 GW，约可以提供 7000 亿 kW·h 的电量，届时将会满足全国 10% 的电力需求。换言之，届时风电将有望成为中国仅次于火电、水电、核电的第

---

① Global Wind Energy Council. Global Wind Report 2015：Annual Market Update，2016：32-33. http://www.gwec.net/wp-content/uploads/vip/GWEC-Global-Wind-2015-Report_April-2016_22_04.pdf.

四大电力来源，能够发挥替代化石能源的重要作用。[①]

　　不过，要想充分挖掘风力资源的潜能，中国亟须解决弃风限电这一重大顽疾。据国家能源局统计，2015 年，中国风电弃风限电形势加剧，全年弃风电量 339 亿 kW·h，同比增长 213 亿 kW·h，平均弃风率 15%，同比增长 7 个百分点。其中，甘肃弃风电量 82 亿 kW·h、弃风率 39%，新疆弃风电量 70 亿 kW·h、弃风率 32%，吉林弃风电量 27 亿 kW·h、弃风率 32%，内蒙古弃风电量 91 亿 kW·h、弃风率 18%。[②] 2016 年上半年中国平均弃风率再次创下历史新高，全国风电弃风电量 323 亿 kW·h，同比增加 148 亿 kW·h；平均弃风率 21%，同比上升 6 个百分点；平均利用小时数 917 小时，同比下降 85 小时。如果根据省份来评估，甘肃的弃风率已经高达 47%，新疆为 45%，吉林和内蒙古则分别为 39% 和 30%。[③]

　　从目前情况来看，中国弃风现象最为严重的地区正好也是风能资源最为丰富的地区。据中国气象局风能太阳能资源中心评估，2015 年全国陆地 70 m 高度层的风速均值大于 6.0 m/s 的地区主要分布在东北大部、华北北部、内蒙古大部、宁夏、陕西北部、甘肃大部、新疆东部和北部的部分地区、青藏高原大部、四川西部，以及云贵高原和广西等地的山区，其中内蒙古中部和东部、新疆北部和东部部分地区、甘肃西部、青藏高原大部等地年平均风速达到 7.0 m/s，部分地区甚至达到 8.0 m/s 以上。[④] 如果不解决好上述地区的弃风问题，风电的可持续发展不容乐观。

　　此外，与国外同等条件的风电场相比，中国风电场的发电量普遍偏低。之所以出现这种情况，除了中国风电开发商和电网运营商协调不够，造成相当比例的装机容量无法接入电网外，还与以下因素有关：中国的风机质量不高；风力电场选址不当，在选址前没有对风力资源认真确认及进行风机安装位置的优化研究；还有一些省份为了达到所要求的风电装机容量，在风力资源并不是

　　① 国家发改委能源研究所. 中国 2030 年风电发展展望：风电满足 10% 电力需求的可行性研究. 2010：17-18. http://www.efchina.org/Reports-zh/reports-efchina-20100430-zh.

　　② 国家能源局. 2015 年度全国可再生能源电力发展监测评价报告. 2016-8-16. http://zfxxgk. nea.gov.cn/auto87/201608/t20160823_2289.htm? keywords=.

　　③ 国家能源局. 2016 年上半年风电并网运行情况. 2016-7-27. http://www.nea.gov.cn/2016-07/27/c_135544545.htm.

　　④ 中国气象局风能太阳能资源中心. 中国风能太阳能资源年景公报 2015. 2016-1-18. http://cwera.cma.gov.cn/cn.

很好的地方建设风电场。① 正是这些因素导致中国虽然超额完成了装机容量目标，但是风力发电量却尚未达到预期目标。

2. 着力开发国内市场，光伏发电趋稳增长

同风电一样，目前中国的光伏发电累计装机容量已跃居世界首位。不过相比风电产业而言，中国光伏产业的发展趋势更为曲折，这主要与该产业的生产设备、原料以及市场都过于依赖国外有关。自起步以来，中国的光伏产业便以外向型发展为主，呈现生产设备、多晶硅原料依赖进口以及销售市场以欧洲国家为主，以美国为辅的"三头在外"的产业格局。长期以来，发达国家的光伏市场一直是拉动中国光伏产业快速发展的主要引擎，而光伏组件在国内的消纳比例一直到 2011 年才突破 10%。② 在这种情况下，当欧美国家出台反倾销、反补贴的政策后，这种晶硅原料与消费市场全都依赖海外的发展模式的弊端开始显现。在国际市场需求增速减缓以及产品出口阻力增大等多重因素影响下，包括尚德在内的诸多光伏企业纷纷走向破产。

在经历了欧美市场的大起大落后，政府和企业都更加重视国内市场的开发。2013 年，国务院出台了《关于促进光伏产业健康发展的若干意见》，明确提出在 2013—2015 年间，每年新增国内光伏发电装机容量 10 GW 左右，到 2015 年总装机容量达到 35 GW 以上。③ 受政策利好的驱动，中国的光伏装机容量从 2012 年底的 7 GW 迅速攀升至 2015 年的 44 GW，其中仅 2015 年的新增装机容量就已达到 15.2 GW，占全球新增装机的 30%，④这为国内的光伏制造业创造了市场需求。

随着国内光伏发电市场需求的迅速扩大，国内光伏企业的产能利用率有了比较明显的改善，由此也推动了技术水平的进步和企业利润的提升。在积极开发国内市场的同时，中国企业还积极响应中国政府的"一带一路"倡议，开始将目标市场进一步拓展到亚洲、非洲等发展中国家。目前，随着光伏发电逐步在印度、巴基斯坦等国兴起，中国光伏企业市场多元化的目标变得更为可

---

① 世界银行.中国可再生能源发展的新目标：迈向绿色未来. 2014：4. http://documents.worldbank.org/curated/en/979141468218106884/pdf/579060WP0Box350icy0Note0CN00PUBLIC0.pdf.

② 中国资源综合利用协会可再生能源专业委员会、中国可再生能源学会产业工作委员会.中国光伏分类上网电价政策研究报告. 2013：12. http://www.efchina.org/Reports-zh/reports-20130402-zh.

③ 国务院办公厅. 国务院关于促进光伏产业健康发展的若干意见. 2013-7-1. http://www.gov.cn/zwgk/2013-07/15/content_2447814.htm.

④ REN21，Renewables 2016 Global Status Report，2016：63.

行。对国内光伏企业而言,降低对欧美市场的过度依赖无疑会有助于中国光伏产业的健康发展。

尽管已经取得了长足进步,不过当前制约光伏行业的问题仍然突出,其中最大的问题仍是弃光限电问题。为了搭上政策利好的末班车,一些企业不顾西北等地电力需求放缓以及电网消纳滞后等制约因素,纷纷抢装光伏发电设备,导致当地弃光率大幅攀升。2015 年,西北地区弃光现象严重,其中甘肃弃光电量达 26 亿 kW·h,弃光率达 31%,新疆弃光电量达 18 亿 kW·h,弃光率达 26%,[①]造成了极大的资源浪费。

3. 水电装机总量上升,新增投资开始下滑

中国的水力资源极为丰富,理论蕴藏量年发电量为 60829 亿 kW·h,平均功率为 694.4 GW;技术可开发装机容量 541.6 GW,年发电量 24740 亿 kW·h;经济可开发装机容量 401.8 GW,年发电量 17534 亿 kW·h。[②] 得益于良好的资源禀赋以及对水电开发的重视,近年来中国水电的已有装机容量以及每年新增开发量均居世界首位。截至 2015 年底,中国不包括抽水蓄能在内的水电装机容量约 300 GW,占全球装机总量的 27.9%。其中,中国在 2015 年新增的水电装机容量相当于全球当年新增装机容量的 58%。[③] 迄今为止,水电仍然是中国可持续能源的主力军。2015 年水电装机容量在非化石能源装机总量中的占比为 61%、发电量占比为 69%。[④]

尽管中国的水电装机总量仍在持续增长,但是水力发电尤其是大型水电投资已经出现了比较明显的下滑趋势。2015 年度中国水电电源投资为 780 亿元,相较于 2014 年度降低了 17%,即便后者相比 2013 年已大幅下滑 21.5%。[⑤]

水电投资额的下滑主要与以下因素密切相关:首先,目前中国中东部地区区位优势明显的水电资源基本上已经开发完毕,有待开发的资源主要集中在中国西南地区,开发难度与成本都大幅上升;其次,流域生态保护与水电开发

① 国家能源局.2015 年度全国可再生能源电力发展监测评价报告.2016-8-16.http://zfxxgk.nea.gov.cn/auto87/201608/t20160823_2289.htm? keywords=.
② 国家发展与改革委.全国水力资源复查成果发布.2005-11-28.http://www.gov.cn/ztzl/2005-11/28/content_110675.htm.
③ REN21. Renewables 2016 Global Status Report, 2016:53-55.
④ 徐小杰.中国 2030:能源转型的八大趋势与政策建议.北京:中国社会科学出版社,2015:42-43.
⑤ REN21. Renewables 2016 Global Status Report, 2016:53-56.

利用同属生态文明建设的题中之义，目前中国在积极推动水电开发的同时更加重视流域生态环境的保护；再者，大型水电采取成本加成的上网电价制度无法反映水电建设的真实市场成本，不利于水电开发的持续健康发展；最后，电力通道建设的滞后和市场消纳问题的存在导致电站弃水现象严重。[1] 这些因素的存在在一定程度上促使了中国的水电企业更多地将目光投向海外，积极开发亚非拉等地的水力资源。

4. 受多种因素制约，生物质能发展势头不及风光发电

中国生物质能资源丰富，能源利用潜力大。据国家能源局统计，中国包括农作物秸秆、农产品加工剩余物、林业木质剩余物等在内的生物质能理论资源可开发量相当于 4.6 亿吨标准煤。鉴于发展生物质能产业将有利于缓解能源消费总量高、石油天然气对外依存度高、环境压力大、农民就业难和收入低等问题，社会协同效益显著，因此中国政府也将该产业的发展置于优先地位。[2]

然而，由于存在着原料收集难度大、技术开发水平弱、产业化程度低等方面的制约因素，中国在生物质能高效利用领域还处于相对较低水平。截至2010 年底，中国生物质能利用量（不含直接燃烧薪柴等传统利用方式）约 2400万吨标准煤（见表 5.1）。

同其他国家相比，中国在生物质能领域的竞争力尚不及风电、太阳能发电以及水电。2015 年中国生物质发电装机容量为 10.3 GW，尽管相比 2014 年已经增加了 800 MW，但仍未能达到"十二五"规划预设的 13 GW 的发展目标。2015 年中国生物质发电为 48.3 TW·h，占全球该项发电总量的 10%，仅次于美国与德国，位居全球第三。与此同时，中国也是全球第三大乙醇生产国，2015 年预计产量为 28 亿升，相比 2014 年减少了 14%，目前产量还远不及美国和巴西。[3]

---

① 国家可再生能源中心. 中国可再生能源产业发展报告 2015. 北京：中国经济出版社，2015：28-31.
② 参见秦世平，胡润青. 中国生物质能产业发展路线图 2050. 北京：中国环境出版社，2015.
③ REN21. Renewables 2016 Global Status Report，2016：45-49.

表 5.1　　中国生物质能源利用潜力　　　　（单位:万吨）

资源来源	可利用资源量		已利用资源量		剩余可利用资源量	
	实物量	折合标煤量	实物量	折合标煤量	实物量	折合标煤量
农作物秸秆	34000	17000	800	400	33200	16600
农产品加工剩余物	6000	3000	200	100	5800	2900
林业木质剩余物	35000	20000	300	170	34700	19830
畜禽粪便	84000	2800	30000	1000	54000	1800
城市生活垃圾	7500	1200	2800	500	4700	700
有机废水	435000	1600	2700	10	432300	1590
有机废渣	95000	400	4800	20	90200	380
合　计		46000		2200		43800

注:加上生产燃料乙醇的陈化粮等,已利用资源量为 2400 万吨标准煤。

数据来源:国家能源局:《生物质能发展"十二五"规划》。

(四)可持续能源产业竞争力优势聚焦

　　在金砖国家中,中国可持续能源竞争力各要素表现相对均衡,并没有出现明显的短板,而其总体表现也是最为出色。首先,中国最直观的优势表现在规模上。中国不仅有着庞大的资源总量,而且劳动力资源以及市场规模在金砖国家中都是首屈一指,这些都为中国确立强大的可持续能源竞争力奠定了基础。仅就市场规模这一因素分析,中国的一次能源消费总量不仅位居全球首位,而且还处于较快的增长期。中国可以利用市场需求的拉动效应推动可持续能源产业的高速发展。近年来中国风力发电以及太阳能光伏装机容量的快速增长对上游产业的拉动效应极为显著。[①]

　　其次,中国有着极强的发展可持续能源的驱动力。对于中国而言,发展可持续能源与追求能源安全和应对气候变化的目标是并行不悖的。出于以下两点原因考虑,目前中国最高领导层正在严肃地对待低碳转型问题:第一,预计中国广大区域都在遭受气候变化的影响;第二,可以利用外部对中国实施的低碳政策的压力,推动本国能源转型,这很类似于 10 多年前中国成为世界贸易

---

　　① 清华大学产业发展与环境治理研究中心. 中国新兴能源产业的创新支撑体系及政策研究. 2014:89.

组织成员时的情况。[①]

最后,除了具备上述有利条件外,中国政府出台的一系列激励政策是促使上述生产要素释放活力的重要催化剂。自从 2005 年颁布了《可再生能源法》以来,中国更加积极地采用多种政策工具推动可持续能源的发展。鉴于风力发电已经具备较强的经济竞争力,2009 年中国政府率先在风力发电领域推出了分区域固定上网电价政策,这使得国内的风电装机容量出现了倍增式增长。此后,政府针对生物质发电和太阳能光伏发电也制定了固定上网电价政策,同样有力地推动了这两类能源的发展。

对于光伏产业而言,政策的激励效果尤其显著。固定电价政策的出台极大地刺激了大型光伏电站的建设,这在西部太阳能资源优势明显的地区表现更加突出。在电价政策以及地方土地等优惠政策的支持下,西部多个省区大型光伏电站的核准和建设规模在 2011 年后呈现出爆发式增长。相比而言,尽管东部地区在资源禀赋以及土地政策上难以与西部地区相提并论,不过由于当地经济更发达,地方政府可以通过安排地方财政资金等方式给予光伏发电项目一定的电价补贴或者投资补贴。这些额外的电价补贴有助于提升项目的盈利能力。目前实施地方固定电价或电价补贴的主要省份有江苏、浙江和山东。这些地区出台地方性政策的根本驱动力在于当地有着大量的光伏制造企业。鉴于国际光伏发电市场增速已大幅度放缓,建立省内市场无疑能够给予地方光伏制造企业一定的信心与市场消纳空间,而东部沿海地区相对发达的经济水平又为承担一定规模的光伏发电市场创造了条件。[②]

显然,由于在能源安全与气候变化领域缺乏同等程度的紧迫性,俄罗斯在开发可持续能源方面远没有中国那么坚决有力。而印度、巴西和南非尽管在这一领域制定了相似的发展规划,特别是印度不仅成立了新能源和可再生能源部,而且还出台了一系列鼓励政策,不过由于上述三国的制造业基础并没有中国那么完备,因此它们目前还只能在生物质能或者水电等特定领域确立竞争优势,但在可持续能源整体竞争力上还远不及中国那么强大。

[①]　[英]菲利普·安德鲁斯-斯皮德.中国能源治理:低碳经济转型之路.张素芳,等,译.北京:中国经济出版社,2015:223.

[②]　中国资源综合利用协会可再生能源专业委员会、中国可再生能源学会产业工作委员会.中国光伏分类上网电价政策研究报告.2013:13-23.

（五）产业政策的不足及前景展望

如上所述，中国政府出台的诸多激励政策极大地促进了可持续能源产业的发展，但是这种政策驱动型的可持续能源产业发展模式也存在着一些问题。例如，一些政策在颁布之初便有争论，经过一段时间实施也暴露出了不足。为了促进产业的稳步健康发展，我们需要思考如何进一步完善政策。

首先，可持续能源产业技术创新具有很大的风险性与不确定性，不适合以政府为主体进行集中决策。试图"弯道超车"的政府主导、计划审批、集中决策、集中配置资源、进行经济性管制等办法，并不利于产业技术创新。尽管政府在技术创新领域能够起到一定的积极引导作用，但是由于政府并不掌握技术、也不必承担市场风险，在缺乏必要的信息支持、无法准确预知未来的情况下，政府的决策模式带有很大的盲目性和风险性。

因此，不论是鼓动或者限制企业投资，都会导致资源错配；把企业的创新活动框在地方政府的发展规划中，必然抑制技术创新；由企业申报、政府部门选定研发项目、分配资助资金，并对成果进行评估、鉴定、表彰的做法，将使企业的创新被政府牵着走，而不是根据市场需求自主研发；政府选择特定的企业进行扶持，容易导致政府被企业绑架，同时限制新的行业进入者。①

其次，可持续能源产业遭遇的入网难和补贴瓶颈暴露出了政策的预见性不足。中国可持续能源产业近年来的发展历程表明了一个现象，那就是战略跟着规划走，规划跟着现状走。地方政府与企业家们主要针对开发规模这一目标积极推动产业发展，中央政府和政策研究者们则忙着修改计划与目标，甚至跟着调整战略。②

面对可持续能源装机容量的快速增长，清洁电力入网和发电补贴难以及时跟上，由此导致的限电、补贴延迟发放以及降价等问题困扰着该产业的发展。以光伏发电为例，由于光伏供电具有不稳定性与不连续性，其对电网的要求比火力发电要高得多。由于中国西北地区电网的建设和改造未能跟上光伏

---

① 清华大学产业发展与环境治理研究中心.中国新兴能源产业的创新支撑体系及政策研究. 2014:82.

② 任东明.可再生能源配额制政策研究——系统框架与运行机制.北京:中国经济出版社,2013: 前言.

发电的发展速度，导致了目前中国西北地区已出现大面积的弃光限电现象。

不仅如此，最近两三年内实现并网发电的光伏电站的补贴目前都难以及时发放到位，这也进一步侵蚀了光伏电站的收益。政策预见能力不强导致了政策的不确定性。在目前的光伏电价政策中，对于电价适用时限并未做出规定，这使光伏发电项目开发风险增加。目前大部分光伏发电开发企业在做投资决策时，按照特许权招标项目的情况考虑投资收益率，即经营期与电价政策都是 25 年。由于缺乏明确的规定，导致企业不论是在项目审批还是在申请贷款时遭遇的困难都会随之增加。[①]

最后，自 2005 年以来，尽管中国的可持续能源产业呈现出快速增长的趋势，但这主要是在政府扶持政策推动下取得的成果，并不是由市场机制主导的能源自主转型的结果。事实上，无论是从能源品质、能量转化效率还是成本看，目前中国的风力发电和光伏发电都还没有进入市场自我驱动的阶段。[②]随着中国可持续能源装机容量的大幅提升，风电和光伏发电等能源的电力补贴越来越不可持续。在《可再生能源法》实施十年后，尽管中国的风电、光伏发电都取得了超常的发展，但是电价补贴资金缺口也与日俱增。截止到 2016 年上半年，风电和光伏发电等领域的补贴缺口累计达到 550 亿元。随着第六批电价附加资金补助下发在即，届时补贴缺口很可能突破 600 亿元。[③]

对于中国而言，如何在技术上和制度上建立起一个与风光发电兼容的电力交易制度是可持续能源发展的核心问题。从技术上看，由于智能电网具有较强的网架和集成先进的技术，可以解决规模电能间存在的随机性、不稳定、储存、互补的问题，将低密度的电能提升为稳定、连续和优质的电能，为可持续能源、常规电源以及电力客户提供互动平台，促进大范围全局资源与信息的整体优化调配，从而最大限度地挖掘电力系统接纳可持续能源发电的潜力，为各种电能的持续发展提供重要的保障。[④]

从制度上看，对化石能源的补贴将会阻碍可持续能源产业的发展。中国先前对于化石能源的补贴导致了能源的低效利用以及过度消费，增加了污染物的排放，并且鼓励了钢铁等高耗能产业的大规模扩张。有鉴于此，建立健全

---

①   中国资源综合利用协会可再生能源专业委员会、中国可再生能源学会产业工作委员会. 中国光伏分类上网电价政策研究报告. 2013；24-25.

②   朱彤，王蕾. 国家能源转型：德、美实践与中国选择. 杭州：浙江大学出版社，2015；110.

③   王尔德. 新能源"十三五"目标初定：力争光伏发电达到 1.5 亿千瓦. 21 经济网. 2016-09-14. http://www.21jingji.com/2016/9-14/zMMDEzNzlfMTM5NjMzMQ.html.

④   徐小杰. 中国 2030：能源转型的八大趋势与政策建议. 北京：中国社会科学出版社，2015；50-51.

反映化石能源资源稀缺以及环境外部性的价格形成机制，并且按照有利于可持续能源发展与经济合理的原则，完善风光发电的政策补贴机制，即补贴支持力度应随着技术的进步逐渐降低，以便实现可持续能源产业的市场化发展。

目前，随着中国的经济结构更多地从依赖重工业转向第三产业，经济增长对能源的拉动效应不再那么显著。在能源消费需求开始放缓的背景下，国内风电、光伏发电、水电逐步替代煤电的目标将会更加容易实现。随着可持续能源总量持续上升，化石能源所占的比重将会持续降低，中国完成非化石能源占比目标将会更容易实现。

然而，能源需求放缓也会导致可持续能源投资热情的降低，而化石能源价格的走低也会对可持续能源竞争力带来更大挑战。就此而论，未来中国非化石能源占比目标很有可能会如期完成，但是可持续能源是否能延续当前强劲的发展势头，恐怕还存在着一些重大变数。

六、印度可持续能源竞争力分析

（一）可持续能源产业概况

印度是继中国和美国之后全球第三大能源消费国。如果按购买力平价计,印度同时也是世界第三大经济体。印度已形成较为完整的工业体系,是全球软件、金融等服务业重要出口国。自 1991 年 7 月实行全面经济改革以来,经济发展逐渐步入快车道。"九五"(1997—2002 年)计划期间,政府放松对工业、外贸和金融部门的管制,经济年均增长 5.5%;"十五"(2002—2007 年)计划期间加速国有企业私有化,实行包括农产品在内的部分生活必需品销售自由化,改善投资环境,精简政府机构,削减财政赤字,实现年均经济增长7.8%;"十一五"(2007—2012 年)计划期间,印度大力发展教育、卫生等公共事业,继续加快基础设施建设,加大环保力度,2008 年以来受国际金融危机影响的经济逐步好转;2011 年 8 月,印度通过"十二五"(2012—2017 年)计划指导文件,提出国民经济增速 9% 的目标。世界银行预测其 2016 年经济增速为 7%,并有望于 2016 年或 2017 年超过中国,成为增长最快的主要经济体。

印度的可持续能源竞争力在金砖五国中排名第二,总得分为 0.4573,与排名第一的中国(0.8114)存在不小的差距,与排名第三的巴西(0.4533)则十分接近。从 2000 年至今,印度的能源消费量实现了倍增,但是人均能源消费量仅为世界平均值的 1/3。随着人口快速增加,能源供需矛盾仍显著大于其他金砖国家,能源刚需持续旺盛。当前,印度用世界 6% 的初级能源支撑着 18% 的世界人口,对全球新增能源消费量的贡献率约为 10%。预计到 2040 年时,这一贡献率将攀升至 25%。尽管如此,印度的人均能源消费量仍将比全球平均水平低 40%。[①]

---

① International Energy Agency (IEA). Indian Energy Outlook,2015.

2006—2015 年，印度的可持续能源装机容量从 41.8 GW 倍增至 82.1 GW，年均增速为 7.9%（图 6.1）。[①]其中，生物质能从 2006 年的 1.3 GW 增加到 2015 年的 5.6 GW，增长了 3.3 倍，年均增速为 17.6%；太阳能从 2006 年的 0.005 GW 增加到 2015 年的 5.2 GW，增长了 1039 倍，年均增速为 116.4%；风能从 2006 年的 6.3 GW 增加到 2015 年的 25.1 GW，增长了 3 倍，年均增速为 16.6%；水电从 2006 年的 34.3 GW 增加到 2015 年的 46.3 GW，增长了 0.3 倍，年均增速为 3.4%。

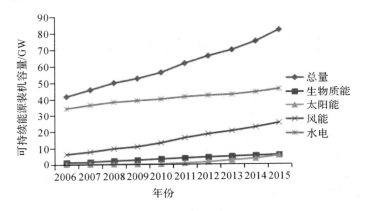

图 6.1　印度可持续能源装机容量变化

同期，其他金砖国家的可持续能源装机容量也发生了明显的改变。其中，中国从 2006 年的 135.6 GW 增加到 2015 年的 503.8 GW，年均增速为 15.7%；巴西从 2006 年的 77.6 GW 增加到 2015 年的 116.7 GW，年均增速为 4.6%；俄罗斯从 2006 年的 47.4 GW 增加到 2015 年的 53.0 GW，年均增速为 1.2%；南非从 2006 年的 2.5 GW 增加到 2015 年的 4.9 GW，年均增速为 7.8%。[②]从可持续能源装机容量上看，印度大于俄罗斯和南非，但不及中国和巴西；从可持续能源增速上看，印度高于巴西和俄罗斯，低于中国，与南非基本持平。值得一提的是，金砖五国占全球可持续能源装机总量的比重持续增加，从 2006 年的 29.6% 提高到 2015 年的 38.7%，表明其可持续能源产业的发展状况好于全球平均水平。

当前，可持续能源占印度一次能源消费量的比例约为 26%，其中生物质

————————

①②　International Renewable Energy Agency（IRENA）. Renewable Energy Statistics 2016, 2016.

能所占份额最大，达到 24％；水电占比为 2％；其他可持续能源占比合计不足 1％。可见，传统化石能源依然占据主导地位。据估算，印度的煤炭和石油消费分别约占能源消费量的 44％和 23％。[①] 截至 2015 年，印度已探明的石油储量达 57 亿桶，煤炭和天然气产量也呈现增长态势，同时化石能源的对外依存度也在持续提高。总的来看，作为具有代表性的重要新兴经济体，印度在传统能源产业方面的发展速度落后于其经济增长速度，这在一定程度上也为可持续能源产业的发展创造了条件。

（二）可持续能源产业指标要素分析

印度可持续能源产业的各项指标要素得分如图 6.2 所示。其中，生产要素总得分为 0.1291，在金砖国家中排名第三，落后于中国的 0.2972 和巴西的 0.1805，但明显高于俄罗斯的 0.0952 和南非的 0.0781。从生产要素下属二级指标分项来看，资源类综合得分较低，与南非同处于垫底位置；资本和技术两项得分均落后于中国，在金砖五国中位居第二；劳动力得分不及中国和巴西，但高于俄罗斯和南非。

需要说明的是，在资源类得分计算过程中，生物质能所占权重仅为其他可持续能源的 50％，这是因为除巴西外，金砖国家利用生物质能仍以木柴、秸秆和动物粪便燃烧等原始形式为主，商业开发规模并不显著，难以与其他可持续能源类型等量齐观。因此，资源类综合得分只能反映各国在可持续能源资源禀赋方面的相对差异，并不反映它们本身资源储量的绝对大小。

印度可持续能源产业的需求要素总得分为 0.2157，低于中国的 0.2711，在金砖五国中位居第二，其他三国得分依次为：巴西 0.1835、南非 0.1664、俄罗斯 0.1135。从需求要素的各二级分项指标来看，印度在市场规模和替代成本两项的得分分别低于处于第一名的中国和巴西，位居第二。而在政策激励方面，印度出台的可持续能源政策涵盖了 13 个相关领域，明显高于中国（11）、巴西（8）、南非（8）和俄罗斯（4），在金砖五国中排名第一。与此同时，由于印度是五国中唯一处于人均碳盈余状态的国家，反而不利于可持续能源产业的发展，因此其环保压力得分较其他四国来说相对较低。

在产业要素（相关产业与支持性产业）方面，印度得分为 0.0925，在金砖

---

① U.S. Energy Information Administration (EIA). Country Analysis Brief：India，2016.

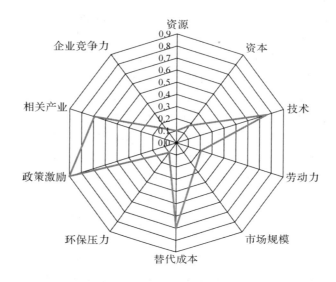

图 6.2　印度可持续能源竞争力各指标表现

五国中位居第二,第一名为中国的 0.1200,巴西、南非和俄罗斯则分属第三、四、五名,分别得分 0.0670、0.0561、0.0133。在企业要素(企业战略、企业结构和同业竞争)方面,印度得分为 0.0195,排名第三,低于中国的 0.1231 和巴西的 0.0215,高于南非的 0.0143 和俄罗斯的 0.0137。

　　总的来看,印度的生产要素、需求要素、产业要素和企业要素得分较为平均,在金砖国家中基本处于中游偏上的水平。鉴于不同要素对可持续能源竞争力综合指数的贡献值存在明显区别,课题组采用"德尔菲法"与层次分析法相结合的方法确定了各要素对应的权重系数。加权后,印度的可持续能源竞争力综合指数在金砖五国中排名第二,这与《2015 可持续能源产业竞争力报告》对 G20 国家的测算结果是一致的,即"印度的可持续能源产业竞争力在 G20 国家中排名 13,在除中国以外的发展中国家中处于领先地位"。

(三)主要可持续能源产业分析

1. 生物质能

生物质能(含废弃物)是印度最主要的可持续能源类型,占可持续能源消费量的 86％以上。生物质能一度是印度最大的能源利用类型，2000 年时在一次能源消费量中的占比高达 34％，比排在第二位的煤炭高出 1 个百分点。近年来生物质能占比回落至 24％，次于煤炭，位居第二。

印度城乡差距明显，在广大农村地区，由于电力供应系统严重滞后，约 87％的家庭使用传统的木柴、秸秆和动物粪便等生物质和废弃物进行烹饪、取暖和照明；而在城市，生物质能的消费比例只有 26％。在全国，约 66％人口的日常生活依赖生物质能。除了传统的生物质能利用形式外，印度也在推广废弃物规模化发电，目前的装机容量和离网发电容量仅为 4.9 GW 和 1 GW，政府计划在此基础上将生物质和甘蔗渣的装机容量分别增加 18 GW 和 5 GW。[①] 生物质能发电量预计将从 2013 年的 23 TW·h 增加到 2040 年的 121 TW·h，占一次能源消费量的比重将下降至 3％，同期装机容量将增加到 24 GW，占一次能源消费量的比重将下降至 2％。[②]

生物质能按理化性质一般分为三类：固态、液态和气态。固态生物质一直是人类生活用能的重要来源之一，约占全球终端能源消费量的 14％。印度每年的固态生物质产出可达 565 Mt，其中约有 189 Mt 未被利用，相当于损失了 25 GW·h 的能源发电量。[③] 液态生物质主要包括乙醇和生物柴油。印度政府自 2003 年开始推进"乙醇混合计划（Ethanol Blending Program，EBP）"，强制规定汽油必须掺入 5％的乙醇。据估计，印度只要利用其蔗糖所制多余乙醇产量的 1/3，就可以完全替代现有汽油消费的能量。[④] 生物柴油主要由非食用油料压榨而成，目前的商业化产量很小，但是发展潜力巨大，其单位土地面积的油料产出可达棕榈油的 2 倍。据 IRENA 统计，作为印度吸收劳动力最多的可持续能源产业，固态、液态和气态生物质能相关行业分别为印度提供了 5.8 万、3.5 万和 8.5 万个就业机会。[⑤]

① 　U. S. Energy Information Administration（EIA）. Country Analysis Brief：India，2016.

② 　International Energy Agency（IEA）. Indian Energy Outlook，2015.

③ 　Sharma A，Srivastava J，Kumar A. Renewable energy：A comprehensive overview renewable energy status. Springer India，2015，37（Suppl 1）：91-105.

④ 　Arora DS，Busche S，Cowlin S，et al. Indian Renewable Energy Status Report：Background Report for DIREC 2010，2010.

⑤ 　International Renewable Energy Agency（IRENA）. Renewable Energy and Jobs：Annual Review 2016，2016.

2. 太阳能

印度拥有丰富的太阳能资源,约 12.5% 的国土(主要是北部和西北部地区)适合太阳能发电。据印度国立太阳能研究学会测算,全国的太阳能潜在装机容量达 750 GW,相当于现有装机容量的 3 倍。印度政府于 2009 年启动了雄心勃勃的项目"贾瓦哈拉尔·尼赫鲁国家太阳能计划(Jawaharlal Nehru National Solar Mission,JNNSM)",分三个阶段大力提升太阳能装机容量和利用水平:[1]第一阶段(2010—2013 年),计划安装 500 MW 的并网光伏太阳能和 200 MW 的离网光伏太阳能;第二阶段(2013—2017 年),计划新安装 3～10 GW 的光伏和集中式太阳能;第三阶段(2017—2022 年),计划再安装 20 GW 的并网光伏太阳能和 2 GW 的离网光伏太阳能。

总之,大规模太阳能光伏工程正作为印度能源低碳化战略的重要组成部分稳步推进,为印度创造了 7.5 万个就业岗位。[2] 2015 年,光伏的实际装机容量为 4 GW,开发进度不及预期。政府计划到 2022 年时使全国的太阳能装机容量提升至 100 GW,其中 60 GW 用于光伏和集中式太阳能,40 GW 用于屋顶和离网式太阳能。[3] 到 2040 年时,印度的太阳能装机容量有望增至 188 GW,成为仅次于中国的全球第二大太阳能发电市场。鉴于目前太阳能仅占整个国家电力装机容量的 1%,要实现上述目标意味着这一占比还需提高 16 个百分点,[4]任务相当艰巨。此外,太阳能高昂的发电成本(0.2～0.4 美元/kW·h)[5]也是阻碍其产业发展的一大因素。

3. 风能

风能发电主要分布在印度南部的广大地区。从 20 世纪 90 年代至今,风

---

① Ministry of New and Renewable Energy (MNRE). Jawaharlal Nehru National Solar Mission: Towards Building SOLAR INDIA. http://www.mnre.gov.in/file-manager/UserFiles/mission_document_JNNSM.pdf. 2009.

② International Renewable Energy Agency (IRENA). Renewable Energy and Jobs: Annual Review 2016, 2016.

③ International Energy Agency (IEA). Indian Energy Outlook, 2015.

④⑤ Arora D S, Busche S, Cowlin S, et al. Indian Renewable Energy Status Report: Background Report for DIREC 2010, 2010.

能装机容量保持稳步增长，年均增速约为 40％。[1] 1992 年印度的风能装机容量仅为41 MW，而现在的装机容量已达23 GW，[2]在全球位列第五，仅次于中国、美国、德国和西班牙。印度风电产业所创造的就业岗位数量是继中国和巴西之后全球第三位。[3]

风能技术中心（Centre for Wind Energy Technology，C-WET）对 25 个邦 1050 座风力电站的研究表明，印度风能的装机潜力可达48.5 GW，同样居世界第五名。[4] 而据印度风力涡轮工业协会（Indian Wind Turbine Manufacturers Association，IWTMA）的估算，风能的装机潜力高达 65～70 GW，相比之下印度目前的风力涡轮制造能力只有5 GW/年。[5] 国际能源署甚至预计印度的风能装机容量 2040 年将攀升至142 GW，在可持续能源发电量中的占比将由目前的不足 1％提高到 7％，[6]继续作为全球主要的风电大国之一，带动相关产业的发展。[7]

4. 水电

印度大部属于热带季风性气候，水力资源丰富，是世界第七大水电生产国，2014 年水电发电量为130 TW·h，装机容量为43 GW。[8] 另一方面，过去数十年中，水电在印度发电量中的占比一直呈下降趋势，由 1980 年的 40％减少到 2013 年的 12％，预计在 2040 年将进一步减少到 8％。[9] 尽管如此，水电仍是印度发电量最大的可持续能源类型，其潜在装机容量为150 GW。[10] 以单个

① Pillai IR，Banerjee R. Renewable energy in India：Status and potential. Energy，2009，34（8）：970-980.

② International Energy Agency（IEA）. Indian Energy Outlook，2015.

③ International Renewable Energy Agency（IRENA）. Renewable Energy and Jobs：Annual Review 2016，2016.

④ Sharma A，Srivastava J，Kumar A. Renewable energy：A comprehensive overview renewable energy status. Springer India，2015，37（Suppl 1）：91-105.

⑤ Indian Wind Turbine Manufacturers Association. Indian Wind Energy and Economy. http://www.indianwindpower.com/iw_energy_economy.php.

⑥ International Energy Agency（IEA）. Indian Energy Outlook，2015.

⑦ World Wind Energy Association. 2013 Half-year World Wind Energy Association Report，2013.

⑧ U.S. Energy Information Administration（EIA）. Country Analysis Brief：India，2016.

⑨ International Energy Agency（IEA）. Indian Energy Outlook，2015.

⑩ Kumar A，Kumar K，Kaushik N，et al. Renewable energy in India：Current status and future potentials. Renewable & Sustainable Energy Reviews，2010，14（8）：2434-2442.

电站装机容量25 MW为界限,水电可分为大水电和小水电两类。预计印度大水电的装机容量将由 2014 年的42 GW增加到2040 年的100 GW。

特别需要指出的是,印度的小水电装机潜力约为14 GW[①],在工程可行性和经济性方面有着较大的优势。因此,在一些偏远落后地区,开发小水电无疑成为印度新能源与可再生能源部(Ministry of New and Renewable Energy,MNRE)关注的一项中心工作。目前,小水电为本地民众提供了约1.2 万个就业机会。[②] 印度政府计划通过资金补贴和税收优惠等手段,在未来十年使小水电的装机容量由目前的2.8 GW提高到其装机潜力的一半,2040 年有望超过10 GW。

5. 地热能

印度的地热能水温一般在 100 ℃～160 ℃之间,个别地方可以达到 240 ℃。据估计有10 GW的装机容量潜力[③],然而目前主要被民间用于沐浴和游泳,尚未进行规模化的商业开发。印度地质调查所(Geological Survey of India,GSI)确定了全国 350 处有利用价值的地热能地点[④],不过由于资金不足、技术缺乏、位置偏僻等各种原因,真正进行开发利用的难度较大。

(四)可持续能源产业竞争力优势聚焦

1. 可持续能源的资源禀赋良好

印度的可持续能源资源较为丰富。首先,印度地处南亚次大陆,全境每年300 天以上是晴天,年太阳辐射量约为200 MW/km²,太阳能潜在发电量达750 GW·h,开发前景广阔。其次,独特的北印度洋季风环流,使得印度的风能

---

① Arora DS, Busche S, Cowlin S, et al. Indian Renewable Energy Status Report: Background Report for DIREC 2010, 2010.

② International Renewable Energy Agency (IRENA). Renewable Energy and Jobs: Annual Review 2016, 2016.

③ Pillai IR, Banerjee R. Renewable energy in India: Status and potential. Energy, 2009, 34 (8): 970-980.

④ Sharma A, Srivastava J, Kumar A. Renewable energy: A comprehensive overview renewable energy status. Springer India, 2015, 37(Suppl 1): 91-105.

资源也十分可观。风能装机潜力高达 65～70 GW，目前的利用率不足 50％。再次，印度还拥有丰富的水电资源，其潜在装机容量达150 GW。国际上普遍将水电与火电 40：60 作为最佳比例，而印度目前的水电火电比仅为 23：77，可见水电仍有一定的发展空间。特别是小水电的投资少回报快，兼具经济性和可行性，目前的利用率不足潜在装机容量的 30％，因此有着广阔的发展前景。此外，作为农业大国，印度的生物质能也非常丰富，装机潜力达25 GW，是实际装机容量的 5 倍。

相比之下，印度的化石能源储量严重不足，约 29％的煤炭、76％的石油和 34％的天然气依靠进口。照此发展，到 2025 年时，印度石油的进口依存率将高达 83％。[①] 基于国家能源安全的考量，印度总理莫迪提出石油和天然气的综合依赖度到 2022 年降至 67％以下，2030 年进一步降至 50％以下。[②] 另一方面，据预测，印度在 2040 年前的年均 GDP 增速将保持在 5.5％左右，为全球发展最快的经济体之一。[③] 与此同时，人口持续高速膨胀进一步推动了能源需求的扩大，到 2040 年时，印度的能源总需求将达到目前水平的 3 倍。考虑到印度现有人均能源消费量仅为全球平均水平的 1/3，2040 年的实际能源需求可能达到目前水平的 3～5 倍，未来 1/4 的世界能源消费增长将来自印度。[④]综合分析印度的能源资源禀赋与利用现状，本报告认为其可持续能源资源禀赋较好，对缓解化石能源进口压力具有很好的替代作用。

2. 可持续能源主管部门统筹规划产业发展

印度将发展可持续能源置于国家能源战略的重要位置，早在 1992 年就成立了非传统能源部，后更名为新能源与可再生能源部，专门负责除大水电外的一切涉及新能源和可再生能源的规划、决策与管理工作。2015 年 2 月，由 MNRE 主办的印度首届可再生能源投资峰会在首都新德里召开。峰会吸引了全球超过 200 家投资商、350 家参展商以及来自政府、研究机构、金融机构、行业协会和学术界等千余名代表参加。在此次大会上，莫迪总理宣布今后将把太阳能为代表的可持续能源产业作为印度能源发展的优先方向，加大政府投入和政策引导，并鼓励企业和社会组织参与开发建设。

MNRE 制定了一系列雄心勃勃的可持续能源产业发展目标（表 6.1）。经

---

① International Energy Agency (IEA). Indian Energy Outlook, 2015.

② U. S. Energy Information Administration (EIA). Country Analysis Brief: India, 2016.

③④ International Energy Agency (IEA). Indian Energy Outlook, 2015.

过"十五"和"十一五"计划,印度的可持续能源并网装机容量从3.5 GW先后提升到10.2 GW和25.1 GW,分别增长了近2倍和1.5倍。根据"十二五"和"十三五"计划(2012—2022年),MNRE力争将太阳能的并网装机容量由1 GW增加到20 GW,风能由10.5 GW增加到40 GW,小水电由1.4 GW增加到6.5 GW,生物质能由2.1 GW增加到7.5 GW。[①] 届时,可持续能源并网装机容量有望达到74 GW,年均增幅高达16.5%。为了实现上述目标,印度政府加大了对可持续能源产业的投资力度,2013—2015年累计投资267亿美元,是2009年可持续能源投资额的10倍之多,在金砖国家中仅次于中国。

表6.1　印度主要可持续能源产业的装机容量　　（单位:MW）

时期 能源种类		"九五"计划 (1997—2002) 末期	"十五"计划 (2002—2007) 末期	"十一五"计划 (2007—2012) 末期	"十二五""十三五"计划 (2012—2022)末期
生物质能	装机容量	368	1118	3218	7500
	年均增速		24.9%	23.5%	8.8%
太阳能	装机容量	2	3	1003	20000
	年均增速		8.4%	219.8%	34.9%
风能	装机容量	1667	7082	17582	40000
	年均增速		33.6%	19.9%	8.6%
小水电	装机容量	1438	1958	3358	6500
	年均增速		6.4%	11.4%	6.8%
合计	装机容量	3475	10161	25161	74000
	年均增速		23.9%	20.0%	11.4%

资料来源:Indian Renewable Energy Status Report;Background Report for DIREC 2010.

3. 多领域、大力度的可持续能源政策激励

过去数年间,印度政府高密度地出台了一系列鼓励可持续能源开发和融资的政策激励措施,有力地推动了本国可持续能源产业的健康发展。例如,2003年颁布了《电力法》(Electricity Act),2005年出台了国家电力政策(Na-

---

[①]　Ministry of New and Renewable Energy (MNRE). Jawaharlal Nehru National Solar Mission: Towards Building SOLAR INDIA. http://www.mnre.gov.in/file-manager/UserFiles/mission_document_JNNSM.pdf.2009.

tional Electricity Policy），2006 年调整了关税政策（Tariff Policy）和国家农村电气化政策（National Rural Electrification Policies），2008 年制定了气候变化国家行动计划（National Action Plan on Climate Change，NAPCC）等。相关激励政策涵盖了"总量目标""上网电价""电力配额义务""净计量""运输义务""供热义务""交易记录""招标""资金补贴、补助或折扣""投资或生产税收抵免""减少销售、能源、增值税或其他税""能源生产付款"和"公共投资、贷款或赠款"等十三大领域，涉及领域之广在金砖五国中排名第一。

　　隶属于 MNRE 的印度可再生能源开发署（Indian Renewable Energy Development Agency，IREDA）负责为可持续能源项目提供资金支持，并具体执行政府制定的可持续能源补贴政策。据估计，2015—2040 年，仅能源效率一项，印度就分别需要向工业、建筑业和交通运输业投入 1390、1810、5120 亿美元，才能满足能源效率提升所需要的资金支持。[1] 显然，实现上述目标绝非易事，光靠政府投资是远远不够的，如何发挥企业和市场机制的作用非常关键。2016 年 6 月，在印度政府的支持下，印度最大本土电力企业塔塔电力（Tata Power）下属的可再生能源公司（Tata Power Renewable Energy Ltd，TPREL）宣布收购 Welspun 公司（Welspun Renewable Energy Ltd，WREL）约合 14 亿美元的绿色能源资产，[2]用于推进可持续能源产业的整合与重组进程。

（五）可持续能源发展问题及其展望

1. 可持续能源占比下降，能源消费结构趋于劣化

　　尽管 IREDA 力图通过研究与开发（R&D）、示范工程、政府补贴等多种手段提高可持续能源在一次能源消费中比重，但事实上这一占比一直呈下降趋势（图 6.3），2000 年为 35%，2013 年为 26%，预计到 2020 年、2030 年、2040 年将进一步下降至 23%、19%、16%。[3] 究其原因，主要是可持续能源消费量

---

[1]　Arora DS，Busche S，Cowlin S，et al. Indian Renewable Energy Status Report：Background Report for DIREC 2010，2010.

[2]　Bloomberg New Energy Finance. Analyst Reaction—India，2016.

[3]　International Energy Agency（IEA）. Indian Energy Outlook，2015.

的增速始终低于能源消费总量的增速,从而导致前者在后者中的份额不断缩小。能源消费结构趋于劣化,不但与印度确定的减少化石能源进口依赖、保障能源安全的国家战略背道而驰,而且会加剧本已十分严重的生态环境问题(尤其是大气污染),危害人体健康和生态安全。

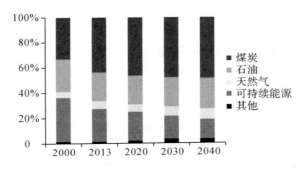

图 6.3　印度能源消费构成变化预测

此外,市场信息不完善、政策法规不健全、基础设施薄弱、技术壁垒、融资困难、回报周期长等问题限制了外国投资者参与印度可持续能源产业项目的意愿。对此,印度政府一方面应更加灵活地借助市场力量发展可持续能源资源,最大限度发挥其对传统能源的替代作用;与此同时,还要将提升能源效率置于更加重要的位置,加强技术研发能力建设,促进经济发展方式转变,使经济增长摆脱对能源投入的过度依赖,降低对传统能源的刚性需求。

2. 可持续能源配额政策收效甚微

印度政府 2003 年颁布的《电力法》,不仅对可持续能源发电采取固定电价政策,还赋予各邦电力监管委员会规定可持续能源购电比例的权利,从法律上为实施可持续能源配额政策提供了依据。2011 年,印度中央电力监管委员会(Central Electricity Regulatory Commission,CERC)决定在全国范围内实施可再生能源证书(Renewable Energy Certificates,REC)交易制度,规定电力企业必须承担一部分可再生能源购买义务(Renewable Purchase Obligation,RPO)。

可持续能源发电除了获得与常规能源发电相同的上网电价之外,生产每 GW·h 电量还可以生成一个 REC,可以在印度能源交易所(India Energy Exchange,IEX)公开交易,以满足各发电企业实现 RPO 的不同需求。为配合

JNNSM 的实施，印度很多邦在制定 REC 实施细则时，特别要求发电企业包含一定比例的太阳能电力，并对太阳能发电类 REC 进行限价。就目前情况来看，该政策的实际效果非常有限。以 2013 年为例，各邦太阳能和非太阳能 RPO 的平均达标率分别仅为 18％和 69％，包括首都新德里在内的 5 个邦几乎为 0。随着太阳能光伏成本不断下降，限价所导致的发电成本倒挂现象日益严重，从而导致配额交易受阻，REC 基本处于有价无市的行情。

3. 可持续能源产业就业不充分

据 IEA 的估算，目前大约有 300 万印度人从事能源相关行业的工作，分布在能源开采、运输、储藏、加工生产、设备制造、相关基础设施建设和维护等不同行业类型中。[1] 其中，约一半的从业人员隶属于煤炭部门，而隶属于可持续能源部门的从业人员只有约 41.6 万人，远少于中国的 352.3 万人和巴西的 91.8 万人，也不及美国的 76.9 万人，居全球第四位。其中，与生物质能产业相关的就业人数最多，为 17.8 万人；太阳能产业次之，为 10.3 万人；风能再次，为 4.8 万人。[2] 然而，如果将本国人口也考虑进来，则印度的可持续能源从业人数占比仅为 0.03％，不仅远低于巴西的 0.45％和中国的 0.26％，甚至比南非的 0.05％还要低。

印度政府计划到 21 世纪 20 年代初期新创造 1 亿个制造业的就业岗位，[3] 以适应该国快速增长的人口。可持续能源作为劳动密集型产业，理应在解决就业问题方面发挥更大的作用。随着越来越多的生物质能、太阳能、风能和水电等可持续能源并网发电，上下游产业链将不断延伸完善，预计到 2020 年时，可持续能源从业人数占能源从业总人数的比例将从目前的 13.8％小幅提高到 15％，到 2040 年时，这一比例有望提高到 30％左右[4]，届时可持续能源产业对就业的贡献将进一步显现。

①　International Energy Agency (IEA). Indian Energy Outlook,2015.

②　International Renewable Energy Agency (IRENA). Renewable Energy and Jobs：Annual Review 2016，2016.

③④　International Energy Agency (IEA). Indian Energy Outlook,2015.

（六）可持续能源发展的启示

1. 有益经验

MNRE 是印度可持续能源领域的主管部门，负责与可持续能源相关的政策制定、发展规划、开发推广、知识产权保护和国际合作等事宜。下设四个专业技术机构，分别是太阳能中心、风电中心、水电中心和国家可再生能源研究所。相比于印度，中国在可持续能源管理方面缺乏明确的行政主体，相关工作分散于国家能源局、国土资源部、水利部、农业部和环境保护部等各部委，加之国家能源局一直未升格为能源部，客观上不利于从国家层面对可持续能源产业作统一规划和管理。鉴于中国大部制改革的总体方向，仿照印度设立可再生能源部并不现实。建议未来在大能源部的构架下设立国家可再生能源局，整合现有各部委相关职责，统筹负责太阳能、风电、水电、生物质能和地热能等可持续能源的开发、利用与保护。

相比于中国的全面"跃进"，印度可持续能源的发展可谓重点突出。例如，2006—2015 年，风能的装机容量仅增长了 3 倍，远远低于同期太阳能的增速[1]，一个重要的原因是风电多建在偏远山区，并网成本过高。据估计，印度的风电价格约为 0.06～0.09 美元/kW·h，不仅高于煤炭的 0.02～0.04 美元/kW·h，甚至比水电和生物质能还要高。[2] 中国近年来出现了大规模的"弃风"现象，仅 2015 年前三个月，就造成 11 TW·h 的风电产能浪费，接近全国风力发电量的 20%。一些本不具备风速条件的地区也强行上马，导致不少电站效益低于预期。加之配套政策不到位，国有电网企业拖延风电并网或减少购买量的情况时有发生，风电产能严重过剩。风电"跃进"只是中国可持续能源缺乏科学发展的一个缩影，其他问题案例比比皆是。总之，发展可持续能源是一项系统性、长期性工程，印度因地制宜、循序渐进的发展理念值得学习和借鉴。

---

① International Renewable Energy Agency (IRENA). Renewable Energy Statistics 2016，2016.

② Arora DS，Busche S，Cowlin S，et al. Indian Renewable Energy Status Report：Background Report for DIREC 2010，2010.

2. 教训借鉴

印度实施可持续能源配额政策的初衷是借助市场机制鼓励电力企业利用可持续能源发电。但是在实施过程中，由于缺乏对国家层面相关制度的顶层设计，各邦政策导向不一，执行和惩罚力度也大相径庭，阻碍了电力企业的跨邦交易意愿，而邦内交易更易受资源禀赋和电力装机容量的限制，无法解决某些邦业已形成的巨大电力缺口。中国在制定可持续资源配额政策时，应注意避免印度的上述弊端。本报告认为，印度的一些经验可资借鉴：由中央政府确定可持续能源发电的总量目标并逐级阶段性分解；各可持续能源公司自由投标；独立的第三方机构对标书进行技术和经济可行性评估；通过初评估的公司提交最终标价，并测算电力采购成本以及不同装机容量的补贴总量；政府根据预定目标和最终标价确定上网公司和电价；最后由中标企业执行合同。

此外，作为全球第二人口大国，印度只有 9 家企业入围世界可持续能源五百强，远远低于中国的 168 家。即便如印度最大的塔塔电力，其装机容量也仅有9.2 GW，全国市场份额不足 12%，远远低于欧美发达国家和中国、巴西等国大型可持续能源企业的市场份额。"家庭作坊式"的分散发电方式不仅降低了能源效率，而且导致可持续能源行业主体发育缓慢，削弱了行业自我创新的内生动力，无法与政府决策形成良性互动和对接，进而导致一些政策难以落地，甚至成为了一纸空文。中国近年来加强了对市场垄断行为的查处力度。但是也应看到，可持续能源产业有别于传统能源产业，具有较高的市场风险和不确定性，对相关企业的评估需要更加审慎、细致，避免因处罚不当而对某些新兴可持续能源产业造成不良影响。

七、巴西可持续能源竞争力分析

巴西是世界上可持续能源组合利用最好的国家之一,有着较长的可持续能源开发历史和经验。长期以来,在政府积极的政策鼓励和引导下,以水电、生物质能为代表的可持续能源产业发展取得了令人瞩目的成就。巴西的可持续能源产业在保障巴西的能源安全、促进经济发展与环境可持续、提升人民生活水平等方面做出了突出贡献。当前,应对气候变化成为全球最为紧迫的任务之一,巴西政府做出承诺,为应对全球气候变化,到 2025 年将比 2005 年减少 37% 的温室气体排放,这体现了其对本国可持续能源产业发展的自信。毋庸置疑,可持续能源产业的进步将在巴西实现减排目标过程中发挥核心作用。

在金砖五国中,巴西可持续能源产业发展与竞争力水平处于较先进地位。在金砖五国可持续能源竞争力指数化排名中,巴西排名第三位,仅次于中国与印度,而其 0.4533 的分数与印度 0.4573 的分数差距微乎其微。考虑到巴西与中国、印度的经济规模差距仍然不小,因此该项排名足以表明巴西可持续能源在其经济部门中占据着重要地位。

2015 年,中国、印度和巴西为代表的发展中国家可持续能源与燃料的投资额首次超过了发达国家,达 1560 亿美元,超出 2014 年 19%。[①] 其中,巴西可持续能源投资额增量居世界第三位,在金砖国家中仅次于中国。

据 REN21 统计,在水电、生物柴油、燃料乙醇、风电、太阳能热水器等领域,巴西无论是在年度投资还是在新增装机容量方面都是成绩斐然,各项排名均列世界前五位,可持续能源的几种主要能源形式均取得了较好成就。而在可持续能源装机容量或发电量方面,仅次于中国和美国,列第三位,其中在水电发电量、水电装机量、生物质能发电等领域在全球都具有非常明显的优势。[②] 在金砖五国中,巴西的水电、太阳能热水器总装机量与新增量仅次于中国,而生物质能装机总量与新增量为五国最高。

① REN21. Renewables 2016 Global Status Report,2016:25.
② REN21. Renewables 2016 Global Status Report,2016:21.

中国、巴西、俄罗斯、印度等金砖国家在世界水电领域占据重要地位，如图 7.1 所示，巴西水电装机总量占比 8.6%，居世界第二位。

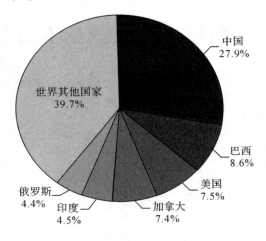

图 7.1　世界主要国家水电装机总量比例分布

数据来源：REN21. Renewables 2016 Global Status Report. 2016：56.

（一）可持续能源产业概况

近年来，巴西可持续能源的投资开发持续增长，可持续能源利用水平居世界前列，取得了令人瞩目的成就。图 7.2 显示巴西十年来可持续能源装机总量变化情况，可持续能源十年间稳步增长。

尽管从产量上看，由于受到国际经济低迷、国内经济不景气等因素影响，巴西的可持续能源产量自 2011 年以来有所下降，但仍保持较高的产量水平。如图 7.3 所示。

巴西矿产与能源部预计，包括水电在内的可持续能源在 2016 年底将占据发电量的 82.8%，该比例 2015 年为 75.5%。[①] BP 公司统计年鉴显示，2015 年巴西可持续能源消费量为 1630 万吨石油当量，生产量占世界比例为4.5%，比 2014 年增长 23%。[②]

---

① MME. The Brazilian Energy Review. 2016.
② BP. Statistical Review of World Energy. June 2016：38.

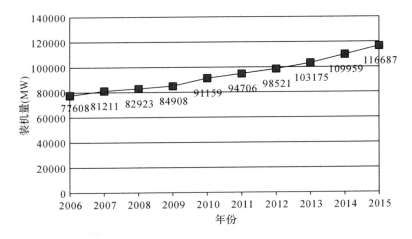

图 7.2 2006—2015 年巴西可持续能源装机总量变化

数据来源:IRENA. Renewable Energy Statistics 2016. 2016:6.

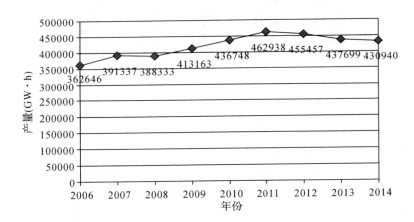

图 7.3 2006—2014 年巴西可持续能源产量变化

数据来源:IRENA. Renewable Energy Statistics 2016. 2016:7.

据彭博新能源财经分析,受经济形势影响,2016 年巴西清洁能源领域的投资额可能有所下降,巴西国内电力市场的拍卖额度也随之减少,有限的拍卖容量将给当地公司和待建项目带来巨大的不确定性。这对风电和太阳能光伏产业产生了直接影响。由于多个风电延期项目开始上线,以及约 4.2 GW 容量开始交付,巴西的风电装机容量将在 2018 年创造新高度。

而在太阳能光伏产业,信贷紧缩与成本上涨带来的挑战十分严峻。多项原定于 2017 年开始交付的项目可能无法按时履行合同，巴西临时政府宣布有可能修改"当地成分要求"（LCR），这可能会给该国的光伏组件供应带来重大影响。①

　　尽管近期面临诸多问题，巴西的可持续能源产业依然将保持其竞争优势。预测未来趋势，作为巴西能源组合中的重要组成部分，巴西的可持续能源产量将持续稳定增长。如图 7.4 显示，在 2020—2040 年区间内，参考情景下巴西可持续能源装机量呈稳定增长趋势，其中以水电、风电为主。

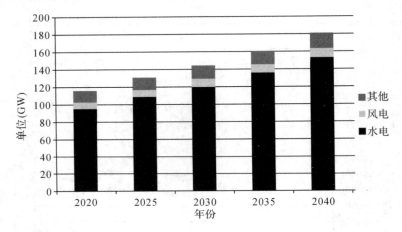

图 7.4　参考情景下巴西主要可持续能源装机总量预测

数据来源：EIA. International Energy Outlook 2016. 2016.

　　与此同步，预测可持续能源消费量也将稳定持续增加，如图 7.5。

　　可见，未来数十年可持续能源的潜力十分巨大，而不同能源形式各自发展轨迹将产生较大的分化，将明显分化为两类，一类是大规模水电，另一类是其他可持续能源形式，如小水电、太阳能光伏、生物质能和风电等，后者装机容量增长将更快，巴西矿产与能源部与能源研究公司预测，2035 年前巴西大规模水电以外的可持续能源年增长率将达 10.7％。②

　　这种变化趋势可以从图 7.6 明显看出，从 2013 年到 2023 年，预测装机量

---

　　①　彭博新能源财经. 2016 上半年巴西市场展望. 2016-7-13. https://www. newenergyfinance. com/core/insight/14542/.

　　②　Empresade Pesquisa Energética(EPE). Ministériode Minase Energia(MME)，Plano Decenalde Expansãode Energia 2023. 2014. http://www. epe. gov. br/Estudos/Documents/PDE2023_Consulta-Publica. pdf.

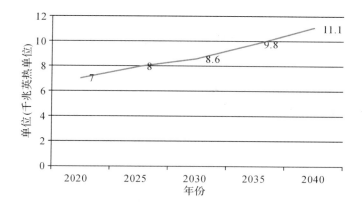

图 7.5　参考情景下巴西可持续能源消费预测

数据来源：EIA. International Energy Outlook 2016. 2016.

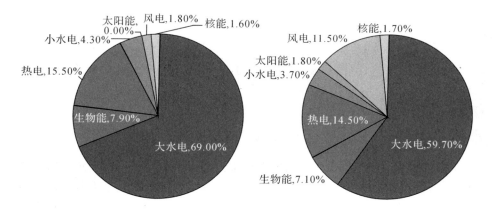

图 7.6　巴西各主要能源形式装机量对比（左：2013 年；右：2023 年）

数据来源：Empresade Pesquisa Energética（EPE），Ministériode Minase Energia（MME）. Plano Decenalde Expansãode Energia 2023. 2014. http://www. epe. gov. br/Estudos/Documents/PDE2023ConsultaPublica. pdf.

组成比例变化最大的两种能源形式是大规模水电和风电。大规模水电的比例降低，小水电也稍微降低，这有利于巴西降低对水电系统的依赖性，提高供电安全。而风电的比例变化则最为惊人，一跃成为巴西第三大能源来源形式、第二大可持续能源形式，这可能源于巴西风电产业的不断成熟与规模经济的形成，变得更具有价格竞争优势，当然，也与政府的宏观规划和政策激励有着密切关系。

（二）可持续能源产业指标要素分析

如图 7.7 所示，巴西可持续能源的各指标要素的表现较好，在资源禀赋、政策鼓励与替代成本等方面有着一定优势。

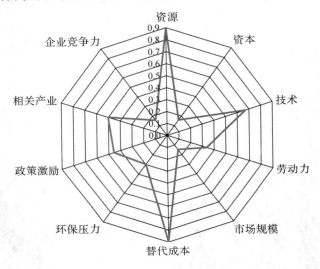

图 7.7　巴西可持续能源竞争力各指标表现

具体来看，巴西可持续能源生产要素总得分为 0.1805，在金砖国家中排名第二，仅次于中国的 0.2972。从生产要素下属二级指标分项来看，资源、劳动力等方面表现较为突出，资源得分并列第一，劳动力得分处于第二位，而在资本、技术方面落后于中国和印度，这或与巴西用以吸引外国资本的国内政治经济环境不佳有关。

需求要素总得分为 0.1835，在五国中位于中国（0.2711）与印度（0.2157）之后排名第三位。二级指标，替代成本表现在五国中领先，而市场规模较小，仅仅高于南非。在 13 个相关领域中的政策激励力度，低于印度（13）和中国（11）。环保压力方面排在第四位。

在产业要素（相关产业与支持性产业）方面，巴西得分为 0.0670，在金砖五国中位居第三，前两名为中国 0.1200，印度 0.0925。在企业要素（企业战略、企业结构和同业竞争）方面，巴西得分为 0.0215，排名第二，低于中国的 0.1231，高于印度的 0.0195。

分析巴西可持续能源的优势要素，主要优势在于资源禀赋、政策激励与替代成本。巴西的资源禀赋优异，水量充沛、植被覆盖广袤的亚马逊雨林腹地为其水电、生物质能等产业发展提供了得天独厚的条件；较早规划实施可持续能源产业政策，并出台强制性的燃料标准都成为激励相关产业持续发展的政策利好；由于巴西国内的汽油价格在金砖国家中最贵，该国的生物燃料等替代能源相较于化石燃料有着更强的经济竞争力。这些要素环环相扣、相互联系、相互促进，成为巴西可持续能源稳定健康发展的重要现实基础。

丰富的可持续资源储备给能源产业从传统化石能源向可持续能源转变提供了更大空间，促使政府出台相关政策大力扶持可持续能源产业发展。政策激励成为产业发展的重要依托，产业的兴盛又降低了可持续能源成本，使替代成本增加。在巴西，三种可持续能源优势要素形成了一个良性循环，使其可持续能源产业得以蓬勃发展。

1. 资源禀赋

巴西得天独厚的可持续能源资源禀赋突出表现在生物质能领域。优越的气候条件、充足的降水以及丰饶的亚马逊热带雨林赋予巴西丰富的生物资源。巴西有广袤的可耕种土地，这些土地大都处于赤道和南回归线之间，其间甘蔗生长在最少或几乎无灌溉的情况下就能达到最优产量。甘蔗是用来生产乙醇的最好原料，稳定的甘蔗产量为巴西的生物乙醇产业的繁荣提供了最有利的支撑条件。而巴西发达的农业经济的副产品大豆等，则是生产生物柴油的主要原料。

水电之所以在巴西能源组合中占据统治地位，源于其境内独特的水文地理环境。世界流量最大、流域最广的亚马逊河流经巴西的西北部，巴拉那河和巴拉圭河流经巴西的西南部，河流水量大、落差大，加之所处热带地区有丰富的降水补给，综合赋予了巴西发展水电产业最为优越的自然条件。

同样，由于巴西的地理位置和广阔腹地，也使其蕴藏了大量可供开发的太阳能、风能、潮汐能、地热能等各种可持续能源。因此，资源禀赋优越是巴西大力发展可持续能源产业最坚实的物质基础。

2. 政策激励

从国际经验来看，可持续能源项目具有一定的经济周期与寿命，只有经过持续 10~20 年的政策扶持与要素培育，并选择在上网电价补贴、价格补贴、生产税等相关方面对可持续能源实施优惠，可持续能源才有可能实现产业成熟，向电网提供完全无补贴的电力。当今，为培育相对幼稚的可持续能源产业，政府购买非水电可持续能源价格协议一般都会持续 20～25 年。而对生物质能发电站的补贴与政策扶持可能超过 30 年，直到其生产成本可与传统化石燃料成本相竞争。可见，政策激励对于可持续能源产业发展极为重要。

　　巴西数十年来发展其生物质能源产业的历史足以证明这一点。除生物质能产业外，巴西政府针对其他可持续能源常年实施的生产、税收、政府购买等相关优惠与激励政策，是此类可持续能源产业在发展初期得以成长成型的重要影响因素，政府对可持续能源产业的要素集聚与要素培育，对产业的发展具有决定性作用。

3．可持续能源替代性

　　可持续能源替代性主要是衡量可持续能源与传统化石能源的成本对比是否具有竞争优势。巴西的可持续能源产业经过较长时间的发展，已形成了比较具有价格竞争力的产业，如表7.1所示，巴西的水电、风电、太阳能、生物质

表 7.1　巴西不同能源形式风电成本对比表

能源类别	固定成本（美元/兆瓦时 US＄/MW·h）			变动成本 （美元/兆瓦时 US＄/MW·h）	总价格 （美元/兆瓦时 US＄/MW·h）
	平均	最大	最小		
柴油	45.46	40.96	64.41	272.28	317.74
石油	45.46	40.96	64.41	178.20	223.66
天然气	54.92	33.74	91.00	79.78	134.70
生物质能（其他）	53.32	33.47	91.00	68.97	122.29
树木废屑	52.89	44.28	67.75	68.97	121.86
甘蔗	51.98	43.59	68.87	68.97	120.95
煤炭	48.76	41.16	66.01	59.92	108.68
太阳能光伏	97.66	70.30	99.84	—	97.66
小水电	52.37	41.51	67.65	—	52.37
风电	45.49	28.59	59.60	—	45.49
大水电	34.45	19.07	50.62	—	34.45

注：1. 固定成本数据统计区间为 2005—2015 年。

　　2. 美元兑换率使用 2015 年 5 月 11 日数据（1 美元＝3.06 雷亚尔）。

　　3. 变动成本数据从 2015 年 3 月起。

数据来源：转引自 Silvan RC，Neto IM，Seifert SS. Electricity Supply Security and the Future of Renewable Energy Sources in Brazil. Renewable and Sustainable Energy Reviews，2016（59）：330.

能等相对于传统的煤炭、石油、天然气等化石能源已经具备了较为明显的成本优势,这与其发达的产业及丰富的资源禀赋也有密切关系。

(三)主要可持续能源产业分析

1. 水电产业

水电产业是巴西可持续能源的支柱产业,在其电力供应中占据统治地位。2015年巴西水电容量增长2.8%,增长量2.5 GW,其中2.299 MW为大规模水电。至2015年底,大规模水电容量达86366 MW,小水电4886 MW,微型水电398 MW,共计容量为91650 MW。[①]

在巴西,每年的4月到11月为旱季,12月到次年3月为雨季。大部分巴西的大水电站与水库共同作用,起到调节能源的作用。受2014—2015年持续干旱的气候影响,巴西的水电站水库储备大都低于平均水位。这就削弱了水电的调节功能,因此在水电容量增长的同时,发电量输出却持续降低。据统计,2011年至2015年,巴西的水电容量增长了15%,而水电输出量则降低了11%,2015年比2014年降低2.7%。新增容量很大程度上也是为缓解持续干旱带来的发电量减少。[②]

IEA预测,在新政策情景下,拉丁美洲地区的水电容量增加110 GW,其中巴西独占一半以上,为60 GW。同时,现有水电技术弊端引起的环境与社会关切,将驱使巴西从传统的蓄水式水电向河流式水电技术转变。[③]

现有水电潜力的70%以上都集中在北部的亚马逊雨林地区,远离巴西的电力消费中心,开发这些水电资源需要建设长距离的水电线路,成本将攀升。而对于处于南部和东南部地区的零星分散的小水电来说,最大的问题在于如何将许多小设备整合起来。因此,电网建设与整合将成为巴西未来水电发展的一个明显制约因素,这也促使巴西政府通过发展其他可持续能源形式,使电

---

① National Agency for Electrical Energy(ANEEL). Resumogeraldos novosempreendimentos de geração. http://www. aneel. gov. br/arquivos/zip/Resumo_Geral_das_Usinas_março_2015. zip.

② National Electrical System Operator of Brazil(ONS). Geraçãode Energia. http://www. ons. org. br/historico/geracao_energia.

③ IEA. World Energy Outlook 2015. 2015:352.

力组合多元化并确保电力供应安全。

2015 年，新增的 17 组涡轮开始在巴西的吉拉乌水电站运行，至 2015 年底，已达到 3 GW 的装机容量。而同样位于马德拉河流上的其姐妹水电站圣安东尼奥水电站，增加了三个机组 212 MW，总装机量为 2.5 GW。特利斯皮里斯水电站有两机组 728 MW 上线，装机容量 1.82 GW。11.2 GW 装机容量的贝罗蒙托水电站 2016 年初开始部分服役，新的传输基础设施到位后将全负荷运作。[①]

2. 生物质能产业

巴西是世界上最早发展生物质能源的国家，也在生物质能的生产和销售上处于全球领先地位。巴西的生物乙醇燃料主要来自甘蔗。巴西农业经济的副产品，大豆和牛脂，是用来生产生物柴油的主要原料。生物柴油生产占据巴西生物质能产量的很小一部分，其中 80% 以上来自于巴西南部中心地区。

全球能源网络研究中心（GENI）的报告称，巴西的生物质能源潜力可达 250～500 EJ。具体到不同的生物质来源，巴西 Koblitz 公司预测了不同生物质的发电潜能，如表 7.2 所示。

2015 年，由于甘蔗大丰收以及政府强制实施生物燃料占比不低于 7% 的法令，巴西的乙醇和生物柴油产量都大幅提升，继续保持世界第二大生物燃料生产者地位。到 2015 年底，容量达 9.7 GW。2015 年巴西生物乙醇产量增长了 10%，达到了创纪录的 282 亿升。生物柴油产量增长 20%，达到 41 亿升。[②] 2015 年生物质能总产量增长 6.8%，占世界总产量的 23.6%。[③]

1975 年巴西推出"全国乙醇计划"（Proálcool）以来，甘蔗乙醇产业发展迅猛，约占巴西 GDP 的 3.5%，提供 360 万个就业岗位，其中 50% 的甘蔗生产用来制造燃料乙醇。[④]

---

① REN21. Renewables 2016 Global Status Report. 2016：54.

② MME. Ministry of Agriculture statistics. http://www. anp. gov. br/? dw=8740. 2015-10-11.

③ BP. Statistical Review of World Energy. June 2016：39.

④ De Almeida E，Bomtempo J，Silva CMDS. The performance of Brazilian biofuels：An economic，environmental and social analysis. OECD Publishing，2007. http://www. internationaltransportforum. org/jtrc/discussionpapers/ DiscussionPaper5. pdfS.

表 7.2　巴西生物质发电潜能表　　　　　（单位：MW）

材料	最小值	最大值（MW）	现有能力（MW）
蔗糖和乙醇	3500	8000	1400
纸和纤维素	900	1740	1280
农业残渣	4967	9272	30
木材工业残渣	430	860	60
能源森林	4000	8000	—
含油植物	36	—	—
总量	13833	27872	2770

注：发电潜能是指可以向电网供电的电力剩余。

资料来源：巴西 Koblitz 公司，http://www.koblitz.com.br/.

　　巴西强制性乙醇燃料混合比例命令也为其生物质能产业的蓬勃发展提供了广阔的国内市场机遇。巴西通过逐步提高其运输部门乙醇燃料的强制性混合率，2015 年强制性乙醇燃料混合比例已提升至 27%，未来还将进一步提高至 27.5% 甚至更高比例。自 2000 年弹性燃料汽车引入巴西汽车市场以来，为巴西的生物质能产业发展注入了新的活力，现今，巴西 80% 以上的汽车使用生物乙醇混合燃料，交通部门使用了近 97%～98% 的乙醇。[①]

　　2004 年巴西推出了"国家生产和使用生物柴油计划"（PNPB），规定从 2005 年到 2012 年（前 3 年是自愿，2008 年起强制实行）采用生物柴油与矿物柴油混合 B2（2% 生物柴油）燃料。2013 年混合率是 B5（5% 生物柴油），2015 年为 B7（7% 生物柴油）。2015 年，巴西开始允许在道路交通中生物柴油混合率提升至 20%，在铁路、农业、工业生产中，生物柴油混合率最高限制从 7% 提升到 30%，[②]并将继续稳步提高，达到能源替代目标。PNPB 实施期间，巴西有 10 万农民家庭加入了生物柴油原料生产，至 2014 年底获得了 116 亿雷亚尔的收益。

　　采用混合燃料，不仅具有较好的燃油经济性，还可对环境保护和减排计划做出巨大贡献。此外，巴西政府还根据国际油价、国际糖价、国内甘蔗收成等

---

　　①　Su YJ，Zhang PD，Su YQ. An overview of biofuels policies and industrialization in the major biofuel producing countries. Renewable and Sustainable Energy Reviews，2015(50)：998.

　　②　Biofuels Digest. Brazil to allow voluntary B20 and B30 blending with an eye on B100. 2015-10-14. http://www.biofuelsdigest.com/bdigest/2015/10/14/brazil-to-allowvoluntary-b20-and-b30-blending-with-an-eye-on-b100/.

情况调整燃料混合率，以便达到资源最优配置的目的。

近年来，巴西注重先进生物燃料特别是航空生物燃料的研发和产业化，并努力寻求国际合作。2011 年 10 月，巴西航空工业公司、圣保罗研究基金会和美国波音公司签署了一项"航空生物燃料的发展协议"，目的是共同发展航空生物燃料，建立可持续航空生物燃料产业。一些巴西企业包括航空工业公司与美国的通用电气（GE）公司、阿米瑞斯生物科技公司，已共同开发了首架使用甘蔗制造的生物燃料的飞机。[①]

3. 风电产业

根据巴西电力研究中心的测算，巴西的风力发电潜力达143 GW。其中，52％位于巴西东北部，21％在西南部。[②]

1992 年，巴西在费尔南多迪诺罗尼亚群岛安装了国内第一台风能涡轮机。直到 2006 年，巴西的风力发电规模仍然很小，总装机容量不超过30 MW。直到 2006 年，巴西风电产业开始快速发展。

风电是巴西增长最快的能源形式，根据巴西地理统计研究所（IBGE）的统计报告，从 2010 年到 2014 年间，巴西的风力发电量增长了 5.6 倍，从2177 GW·h 增长到12210 GW·h。[③] 2015 年巴西国家发展银行投资风电项目18 亿美元，贷款增长 85％，力度空前。2015 年巴西创纪录地新增了2.75 GW风电新装机量，占据了该年新增装机量的 39.3％。2015 年有 111 座风电场的1373 台风电涡轮机上线。据全球风能委员会统计，至 2015 年底，巴西风电装机容量达8.72 GW，比 2014 年增长 62％，约占巴西 6.2％的电力装机容量。[④]

目前，巴西已签订了超过10 GW的至 2019 年的合同，并将每年通过拍卖系统签订2 GW的新约，巴西作为拉美地区最成熟的风电市场和领导者，还将推动拉美地区风电价格的持续下降。[⑤] 政府规划至 2024 年，风电装机量可达24 GW。

---

① Su YJ，Zhang PD，Su YQ. An overview of biofuels policies and industrialization in the major biofuel producing countries. Renewable and Sustainable Energy Reviews，2015(50)：998.

② 巴西电力研究中心（CEPEL）. http://www.cresesb.cepel.br/.

③ Brazilian Institute of Geography and Statistics（IBGE）. Networks and Flows-Energy Logistics，2015，2016.

④ Global Wind Energy Concil（GWEC）. Global Wind 2015 Report，2016：28.

⑤ GWEC. New markets to push down LatAm wind prices as Brazil leads，says GWEC. 2016-5-11. http://www.gwec.net/new-markets-to-push-down-latam-wind-prices-as-brazil-leads-says-gwec/.

4. 太阳能光伏产业

巴西低纬度地理位置与辽阔的疆域为其带来了丰富的太阳能储量，巴西每天平均接受 $8\sim22\ MJ/m^2$ 辐射水平，在每年的 $5\sim7$ 月最稳定，接受的太阳能最多，为 $8\sim18\ MJ/m^2$。太阳能储量每年可达1000 MW·h。据 GENI 估测，巴西的太阳能发电装机潜力达到114 GW。

太阳能的开发利用成为巴西为偏远地区提供能源的重要形式，近年来该领域小规模可持续能源科技快速扩张，如，2012 年以来智能电表的使用就为屋顶太阳能使用创造了更多的机会。2009 年起，巴西实施了社会保障住房项目"我的生活我的家"（Minha Casa Minha Vida），在此项目建设中的家庭光伏系统为太阳能光伏产业创造了很好的发展机遇。但这种小规模家庭光伏系统的一个限制是过于分散而难以入网，巴西几乎所有的光伏系统还都未连接到电网。

目前巴西太阳能光伏产品主要用于为家庭（家用太阳能系统）、小型商业和公共服务提供热水。巴西太阳能热电系统在 2010—2015 年间年均增长率 8% 以上。而受到经济低迷、投资和购买力不足以及社会住房保障项目"我的生活我的家"下一阶段实施延后等因素的影响，2015 年新增设备容量 982 MW，仅比 2014 年增长 3%，增长速度远低于预期。目前巴西太阳能开发尚处于起步阶段，在其国内发电组合中只占 0.01% 的比例。由于发电成本较高，预计太阳能在未来十年内很难得到大规模使用。

太阳能光伏产业的深入发展还需依靠更强的政策刺激。有研究表明，发展太阳能的关键在于国内采取更好的激励措施，并且加大项目扶持力度。为更好发展国内相关科技，在基础设施、人力资源、研发等方面的投资也是必不可少的。[①]

---

① Cavaliero CKN，Da Silva EP. Electricity generation：regulatory mechanisms to incentive renewable alternative energy sources in Brazil. Energy Policy，2005(33)：1745-1752.

(四)可持续能源产业竞争力优势聚焦

1. 制定可持续能源发展政策,促进可持续能源开发

巴西政府坚定而持续地激励可持续能源发展,积极创新低碳机制与政策,以及长期执行可持续能源发展组合战略,这些对可持续能源产业健康发展起到了重要作用。

政策扶持无疑是生物质能源产业可持续健康发展的主要驱动力,特别是在生物质能源产业的起步阶段。相比传统化石能源,由于存在较高的生产成本、不成熟的科技、匮乏的基础设施等不利因素,这些都使得可持续能源在竞争中处于相对弱势地位。凭借着低廉的国际糖价、高昂的油价以及大量闲置的乙醇甘蔗产能,巴西 1975 年出台"全国乙醇计划",意图用甘蔗乙醇来部分替代汽车燃油,强制规定汽车燃油乙醇混合比例,逐渐提高燃油混合乙醇的浓度。

该项目的实施使巴西的乙醇开始进入燃料市场,此后几十年间初步实现了乙醇燃料大规模替代石油衍生物的计划,至 2013 年,巴西的汽车燃料中,强制混合不低于 25% 的乙醇燃料,2015 年 2 月提升至 27%,未来政府拟进一步将这一比例提高到 27.5%。[①] 在提高强制混合率的同时,巴西政府还提升与乙醇竞争的汽柴油税率,增强生物乙醇的价格竞争力。

2004 年巴西推出雄心勃勃的"国家生产和使用生物柴油计划"计划,将生物柴油引入巴西能源结构。该项计划的主要指导原则是通过政策激励家庭种植菜籽油来生产生物柴油,以达到社会融合与区域发展,就业促进与收入提高的目的。[②]

巴西政府还给予生物质能产业税收优惠和融资优惠政策,共减免 0.12 雷亚尔/升乙醇产业税收,2013 年,相关税收减免额达到 9.7 亿雷亚尔。巴西政府为甘蔗生产农民提供低息贷款,巴西社会经济发展银行(BNDES)设立一种

---

① Leonardo G. Brazil to Test Higher Ethanol Requirement in Gasoline-Source. Reuters. 2014-6-18. http://in. reuters. com/article/2014/06/18/brazil-biofuels-idINL2N0OZ0OC20140618.

② Rico JAP, Sauer IL. A review of Brazilian biodiesel experiences. Renewable and Sustainable Energy Reviews,2015(45):514.

特别激励基金,为其生物柴油生产商提供了90%的项目基金,并为购买生产机器贷款延长25%期限。[1]

替代能源激励计划(PROINFA)是巴西激励可持续能源发展的一个重要能源规划。该计划于2002年根据10438号法案制定,旨在鼓励使用如风力发电、生物质能、小水电站等可持续能源,提高电力发电资源的多元化,增强能源安全并减少温室气体排放。

巴西还制定了更长远的鼓励可持续能源发展的规划。根据巴西2030年国家能源计划,到2030年除水电以外的可持续能源将提供发电量的23%。[2]

2. 因地制宜,培育与集聚具有竞争力优势产业的要素

从巴西的生物质能产业发展经验来看,优势要素的培育与集聚需经历较长时间的政府干预与产业积累,政府给予以水电产业与生物质能产业为代表的可持续能源政策优惠与公共资源配置支持,使其逐渐具备了相对竞争优势,规模效益与溢出效应显现。

巴西的生物乙醇产业生存能力是通过政府数十年来对产业链所有环节的长期干预与激励,最终培育而成。成立于1933年的蔗糖与酒精研究所(IAA)作为核心的管理部门在其中发挥了重要作用。该所有权利管制甘蔗与乙醇的生产,制定乙醇燃料的生产标准与计划,制定价格以及为生产商提供融资支持等。

巴西的乙醇激励机制自20世纪20年代生产乙醇燃料开始,密切联系国际石油市场与国际乙醇市场价格进行价格管制,1942年立法制定了"乙醇与甘蔗固定等价"条款。直到2002年,贯穿整个乙醇生产和生物燃料销售的价格管制才完全放开。政府的管制和激励使甘蔗乙醇生产部门的生产结构上有着一定优势,通过合理的能源平衡也降低了乙醇生产的成本。自2003年乙醇混合燃料汽车引进后,乙醇燃料有了更广泛的交通用途,产业链变得更加完整。

3. 较高的市场开放度与透明度

自20世纪90年代以来,巴西将其经济向世界开放,私有部门得以迅速发

---

[1] Su YJ, Zhang PD, Su YQ. An overview of biofuels policies and industrialization in the major biofuel producing countries. Renewable and Sustainable Energy Reviews,2015(50): 998.

[2] REN21. Renewables 2016 Global Status Report,2016: 165, Table R17.

展。私有化浪潮也波及能源企业,能源企业私有化、国外投资的涌入以及逐渐深入的国际化进程,使巴西能源市场日益活跃,能源企业展现出很强的竞争力。现今,巴西虽然面临一系列棘手的政治与经济问题,但其较高的市场开放度、较好的营商环境、丰富的资源条件和可持续能源产业竞争优势等因素使其可持续能源依然能保持相当强的竞争力。

巴西国家能源政策委员会 2005 年确立了电力拍卖制度,一般一年三次,其中太阳能光伏和风能已经成为拍卖项目的主体,其次是生物质能和小水电。拍卖为可持续能源项目与产品定价提供了有效的机制,保障了生产商的利益,从而实现了可持续能源装机量的快速增长。以生物柴油为例,巴西政策规定获取生物柴油能源需通过拍卖,拍卖制度确保了法律规定的混合组成柴油燃料所需的生物柴油的充足供应,可使生物柴油与化石柴油混比结构达到预期水平,提升生物柴油在国家能源组合中的比重,并促进生物柴油在生产与销售环节的投资。拍卖制度的实施,成功地促进了生物柴油生产部门的发展,吸引了源源不断的新企业参与生物柴油生产。

（五）可持续能源发展问题及其展望

1. 政治经济形势的负面影响

2016 年,巴西政治经济经历了剧烈动荡:政治上,针对劳工党的罗塞夫总统的弹劾案风波一度引起政坛大换血;而在经济上,巴西的经济持续低迷,GDP 萎缩,通货膨胀高企,工业活动与消费减少,这不可避免对其可持续能源产业发展产生负面影响。在国内政治危机与经济危机的双重考验下,巴西新项目开发将因资金紧张与信心下降而被延迟。

巴西动荡不安的政局与持续低迷的经济形势,对可持续能源企业主要产生了两方面影响:一是高企的通货膨胀与汇率波动增加依赖进口设备的清洁能源公司的投资成本;二是危机导致的不确定性因素增加,可持续能源公司从巴西国家发展银行获得资金的难度加大,利率也同步提升。[①]

---

① 彭博新能源财经.巴西危机:清洁能源公司的艰难时期.2016-6-27. https://www.newenergy-finance.com/core/insight/14470/.

2. 自然条件与国际市场影响

水电产业在巴西具有很大优势,在整个可持续能源产业中占据龙头地位,巴西电力供应严重依赖水电。但另一方面,水电却受到更多水文条件的限制。在 2001 年的旱季,因水电不足,出现用电危机,导致限量供电。而自 2011 年开始的一次历史性严重干旱又一次考验了巴西水电产业的适应能力。小水电以其灵活而无环境影响的特点成为解决巴西小城市和农村地区用电问题的有效方法,但在干旱的枯水期,小水电的问题更加突出,因为其闲置期的发电成本比大规模水电更高。

在生物质能领域,甘蔗乙醇生产有季节限制,每年 1～3 月份为淡季,甘蔗如果不能在较短时间内加工成乙醇,就会很快腐烂。甘蔗价格对国际糖价有着高度敏感性,当国际糖价提高,则甘蔗被用来生产蔗糖而不是乙醇,生产商的市场谋利行为必然影响到乙醇产量,从而影响到能源部门的燃料供应。

3. 基础设施建设落后成为瓶颈

传输线路依然是巴西可持续能源项目发展的瓶颈,目前巴西国内大部分可持续能源传输线路项目落后于计划,严重限制了其可持续能源的开发效率与效用。以水电为例,由于靠近电力消费中心的水电潜力已基本耗尽,许多水电站建设(大部分是中小水电站)在远离主要消费中心的偏远地区,这对传输线路的基础设施建设提出了挑战,且在传输中有着更多的损耗。在太阳能光伏、风电领域同样存在设备分散、入网困难等问题。

据巴西国家电力局(Agência Nacional de Energia Elétrica, ANEEL) 2014 年统计,有 1.1 万千米的新的传输线不断推迟,约占整个在建项目的42.37％,这就导致很多发电站,特别是风力场长期处于闲置状态,与电网脱节。[①] 由此可见,分散而灵活的各种形式的可持续能源系统为巴西解决偏远贫困地区能源不均衡问题起到了重要作用,但却引起建设统一、高效的电力输送系统的难题。

基础设施落后另一个重要表现是设备与技术的落后。生物质能产业普遍面临设备落后的问题,现有的甘蔗热电厂大都使用低压锅炉,效率低下,因此

---

① Agência Nacional de Energia Elétrica (ANEEL). http://www.aneel.gov.br/arquivos/PDF/Nota_Tecnican_144_2014-SFE_de_22_9_14.pdf.

十分有必要更新现代化热电设备,以提高能效,目前巴西已开始使用生物质能为基础的热电联产(CHP)电站。而在巴西未来可持续能源发展的重点领域风电,海洋风电站建设需要较高的技术,不同的海水深度、易锈蚀的环境对于安装与运行海上风电提出了较高的技术要求,此类科技对于急于大力发展风电能源的巴西是急需的。

缺乏相应的科技与研发力量,这对可持续能源的发展产生了直接的影响。因此需要研究开发、技术信息收集与传播,以促进政府、各类组织和企业等相关利益者对可持续能源项目的推广和投资。

4. 产业内发展不均衡

巴西对水电的依赖程度非常严重,水电占据可持续能源产业的统治地位。与此同时,风能、太阳能在巴西的电力组合中的占比依然较小,如风能在可持续能源装机总量中只占据 2.1% 的比例,而太阳能开发在其国内发电组合中只占 0.01% 的比例,产业发展尚处于起步或初级阶段。

水电的间歇性和受气候影响敏感的特征迫使巴西不得不调整其现有发电结构,让风电、太阳能、生物质能等可持续能源形式发挥更大的作用,这对于巴西的电力安全有重要意义。然而,从风电、太阳能等产业的投资现状来看,这些可持续能源形式在未来较长时间内依然是处于水电的补充地位,结构不合理问题短期内无法得到有效解决。

5. 价格优势依然缺乏

替代成本是可持续能源竞争力的一个衡量指标。在巴西,水电、生物质能等发展较为成熟的可持续能源价格相对于化石能源价格已经比较有竞争力,但依然离不开政府的价格补贴和政策扶持,也就是说政府的补贴和扶持依然是其维持价格竞争力的主要方式。2005—2014 年 PNPB 项目实施期间,政府补贴拍卖的生物柴油达 64 亿美元,同时还要依靠强制性的燃油混合命令以提高城市生物柴油使用量。而该项目给 10 万农村家庭所带来的收益相对于选择采取其他政策来扶持农业生产所能产生的效益是否更有效,依然值得进一步研究。

就像是国家在 Proálcool 项目中对甘蔗乙醇数十年的扶持与补贴一样,生物柴油也将继续依靠国家的补贴或管制措施生存,[①]相对于更低的油价及其衍生物,巴西政府始终将生物柴油的生产作为菜籽油产品剩余的一种市场替代选择。

6. 相关政策实施问题

在实施发展甘蔗乙醇、生物柴油等生物质能等相关政策的过程中,还需克服来自化石能源和食品市场结构的障碍。此外,使用可持续能源还可能带来公共政策问题,政策选择某种可持续能源给社会、家庭所带来的社会福利,以及所带来的环境效益,需要一个很长的过程才能达到一种成熟稳定的状态,具有一定的滞后性。滞后性是实施可持续能源政策所面临的普遍问题。

---

① Rico JAP, Sauer IL. A review of Brazilian biodiesel experiences. Renewable and Sustainable Energy Reviews, 2015(45):526.

八、南非可持续能源竞争力分析

（一）可持续能源产业概况

南非自 1948 年普选时将种族隔离确立为正式政策，经过漫长的抗议、斗争和谈判后，1994 年，由曼德拉带领的非洲人国民大会在大选中胜出，种族隔离制度才被正式废除。在经历了一个半世纪的矿产开发和工业化进程后，以丰富的矿产资源、健全完备的法律体系和开放型的市场经济为依托，南非已经拥有了较高水平乃至世界领先的矿业、制造业以及比较完备的基础设施和金融体系。目前，南非是非洲首要的煤炭、经济和电力大国，煤炭产量占整个非洲的 94%；国内生产总值占全非洲的 25%，对外贸易占 24%；2012 年的电力装机容量占非洲总装机容量的三分之一，发电量占全非洲的 45%。鉴于南非的快速发展和在非洲的重要地位，经中国、俄罗斯、印度、巴西一致商定，南非于 2010 年正式加入"金砖国家"行列。

对南非总体能源状况的考察，还需要追溯到废除种族隔离制度以前。自 20 世纪 60 年代开始，国际社会为逼迫南非废除种族隔离制度而对南非进行经济制裁，发起大规模、长时段的国际撤资运动，各国通过立法和经济手段要求本国资本从南非撤离或要求切断利益关系，导致南非资本外流、通货膨胀，经济、政治和道德压力巨大。白人政府为应对困局，以丰富的煤炭储量为基础，依靠大规模工业项目尤其是建设火力发电厂来拉动经济。但是，由于罢工和其他内部冲突不断，传统的黑人区也因基础设施落后而缺乏电力，结果导致发电量供过于求、无法消耗。

因而，1994 年新政府上台后，南非面临着一个阶层分化和撕裂的社会局面、一个能源密集型的经济模式和以火力发电为主的电力供应结构。新政府肩负着妥善处理族群矛盾、全面推进社会变革的重任，实施了"重建与发展计划""提高黑人经济实力"战略和"肯定行动"等一系列计划来促进政治和社会稳定以及经济增长。其中,长期实行低廉电价政策,既能解决过去大规模电厂建设带来的电力供过于求的问题,又符合新政府切实为民众尤其是传统黑人区提供包括清洁水源、电力、卫生等基本公共服务的目标。不过,长期的国际制裁导致南非整体经济基础薄弱,低廉电价政策在促进工商业发展、提升民众生活水平的同时,也导致电力消耗过大、效率低下,电力行业的商业投资少、融资成本高、无利可图,以及传统电力设施老化、脆弱和不足的问题。直到2013年,南非的电力普及率仍然只有85%,大约800万人无法用电。2008年金融危机后,南非爆发了严重的电力危机。为此,政府开始大幅度提高电价,实行拉闸限电政策,鼓励工商业和居民节约用电。2013年,作为南非最大的电力供应商,南非国家电力公司Eskom要求其最大的工业用电户在用电高峰期减少用电10%。

除了"节流"即实行拉闸限电政策外,南非也较早进行电力规划,注重发展可持续能源,强调能源供给的多样化。早在2003年,南非矿产与能源部就发布了《可再生能源白皮书》(White Paper on Renewable Energy),确立了到2013年南非国内可持续能源总装机量达到1.67 GW、占能源需求总量的4%,即10000 GW·h来自于可持续能源的总体目标(实际上,南非2013年只有2%的装机容量来自于可持续能源,距《可再生能源白皮书》所确立的目标相差甚远)。2009年3月,南非国家能源管理委员会(NERSA)出台了可持续能源强制上网电价政策,同时公布了购电协议文本(PPA)征求意见书,详细规定了采购方、合同价及执行年限、调度方式等内容。2011年,南非正式批准通过了能源部制定的《2010—2030年综合资源规划》(Integrated Resource Plan for Electricity,IRP2010)。在综合考虑了政府目标、社会发展、环境保护、资源优势、技术成熟度、投资可行性等条件后,该规划勾勒出南非未来20年电力供应与发展的蓝图,预计到2030年新增煤电6.3 GW,新增核电9.6 GW,新增风电8.4 GW,聚热太阳能1.0 GW,可持续能源装机总量将达到17.8 GW。2011年8月,南非能源部正式启动独立发电商采购可持续能源计划(Renewable Energy Independent Power Producers Procurement Programme,REIPPPP),招标总容量为3725 MW,其中风电1850 MW,光伏发电1450 MW,光热、生物质发电以及小水电等共计425 MW。[①] 通过明确南非能源部代表政府所应承担的担保责任,此举意在鼓励独立发电商投资建设电站,促进能源供应的多样化、低碳化和高效化。

①　Eskom. Integrated Report 2014. 2014:32.

就可持续能源竞争力而言，南非在金砖国家中排名第四。南非拥有发展可持续能源的自然条件，地处南回归线两侧，全国受副热带高压影响，全年平均日照时长达到 7.5～9 小时，且国土大多被大西洋和印度洋环绕，发展太阳能和风能的地理与气候条件极佳。不过，与南非整体电力装机容量和发电量在整个非洲的占比相比较，其在可持续能源方面的占比，尤其是水电、风能和太阳能方面的优势并不突出。2012 年以前，南非的可持续能源装机总量均在 2500～2600 MW 之间，保持着稳定但小幅的增长，包括水电在内的可持续能源的装机容量和发电量均未超过非洲总量的 5％。直到 2014 年和 2015 年，南非可持续能源总装机量才从 2013 年的 2715 MW 增长至 2014 年的 4023 MW 和 2015 年的 4877 MW，占非洲可持续能源总量的比重从 8.5％增至 11.7％和 14.1％，涨幅极大（见图 8.1）。尽管如此，南非可持续能源装机总量的绝对值仍然较低，远远低于同期的中国（503796 MW）、巴西（116687 MW）、印度（82117 MW）和俄罗斯（53047 MW）。

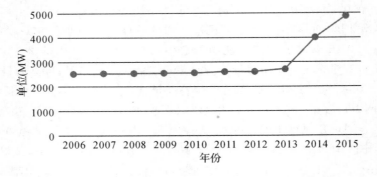

图 8.1　2006—2015 南非可持续能源装机总量

数据来源：IRENA. Renewable Energy Statistics 2016. 2016：34.

从国内电力装机容量的构成上，也可以看出目前南非可持续能源的发展状况。2013 年，南非近 87％的电力装机容量来自燃煤发电，6％为燃油发电，4％来自于核电，天然气接近 1％，另有略高于 2％的装机容量来自于包括水电在内的可持续能源（见图 8.2）。[①] 由此可见，南非可持续能源的占比极低。

总体上，南非政府自 1994 年后面临着重建社会基础、弥合社会分裂的重

---

① Bloomberg New Energy Finance Multilateral Investment Fund part of the Inter-American Development Bank，UK Department for International Development，Power Africa. Climate Scope 2014：Mapping the Global Frontiers for Clean Energy Investment. 2014：91.

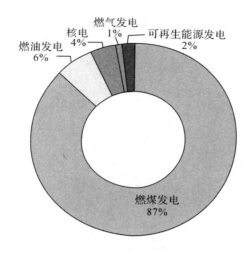

图 8.2　2013 年南非电力装机容量各类能源占比

要任务,在遭遇电力危机后又主动采取了推动能源供给多样化和能源利用高效化的多项措施。南非的煤炭储量和生产量都在全球排名前列,对煤炭的过度依赖也在全球变暖和本国环境保护的压力下,为可持续能源的发展增添了动力;而由于经济社会基础依然薄弱,大量基础设施和公共服务有待改进,也有可能对可持续能源的发展形成掣肘。因此,对南非而言,尽管可持续能源竞争力在金砖国家中排名靠后,但这不仅仅是能源问题,也是政治、经济和社会问题。如何在经济社会发展、资源利用、气候变化、环境保护以及可持续能源发展方面取得平衡,是南非政府所不得不面临的挑战。

(二)可持续能源产业指标要素分析

南非可持续能源产业的生产要素得分为 0.0781,在金砖国家中排名垫底。从生产要素的二级指标来看,南非的资源得分为 0.1000,与印度同属于可持续能源资源不足的国家——虽然南非的太阳能和风能资源丰富,但生物质能和水能资源不足,因而在可持续能源资源上的表现同样欠佳;2013—2015年投资总和达到 96.63 亿美元,资本得分 0.1278,略高于俄罗斯,但远远低于中国,排在印度和巴西之后;技术得分 0.4246,远高于俄罗斯,与资本得分一样低于中国排在印度和巴西之后,表明南非在清洁能源技术方面表现不错;可持续能源从业人数只有 2.9 万人，得分 0.1000，排名垫底。综合资源、资本、技术、劳动力等四个二级指标要素，南非可持续能源的生产要素得分总体偏低。

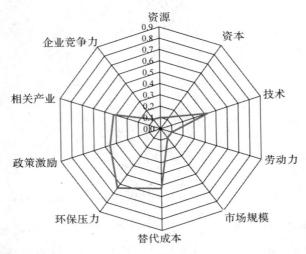

图 8.3　南非可持续能源竞争力各指标表现

　　需求要素得分为 0.1664，也是高于俄罗斯，低于中国、印度、巴西，但与后两者需求要素得分的绝对值相差不大。从二级指标要素来看，虽然南非的市场规模较小（一次能源消费仅达到 1.242 亿吨标油），但替代成本、环保压力、政策激励方面的得分都比较高（图 8.3）。尤其值得一提的是环保压力和政策激励：长期过度依赖煤炭已使南非成为全球第十二大温室气体排放国，人均排放量超过 10 吨/年，高于世界平均水平，碳减排的压力非常大；要实现能源供给多元化和能源安全的目标，就需要在国家政策层面给予大力支持，因而政策激励得分也较高。

　　相关产业与支持性产业得分 0.0561，可持续能源投资吸引力指数偏低。企业要素得分 0.0143，在可持续能源企业世界 500 强中仅占一席。

　　总的来看，南非的大部分指标要素得分都偏低，部分指标得分略高于俄罗斯，因而总体排名第四。尽管这一排名可能在短期不会发生变化，但根据我们的研究，南非发展可持续能源的前景不错。从图 8.3 可知，南非发展可持续能源的优势主要集中在环保压力、替代成本和政策激励方面，短板主要是资本、劳动力、市场规模等。随着南非国内电力供求矛盾的进一步加剧，气候变化和碳减排压力增加，南非势必要加快能源多元化步伐，以满足国内日益增长的能源需求并改善本国脆弱的能源结构。目前,在南非政府的努力和国际社会的帮助下,南非的可持续能源资源已得到进一步开发,投资市场更加开放,被国际投资者视为极具潜力的可持续能源发展国。

(三)主要可持续能源产业分析

南非拥有丰富的可持续能源资源,尤其是太阳能、风能和生物质能。南非拥有近3000 kM的海岸线,从西部沙漠开始,围绕好望角,一直延伸到东部莫桑比克的热带气候地区,风能资源极其丰富;半干旱的气候使南非大部分地区都拥有相当长的日照时间,有利于发展太阳能;同时,东部沿海的热带气候和森林以及糖料种植园提供了发展生物质能的机会。另外,南非也有少量的水电。

1. 太阳能和光伏产业

如前所述,南非地处南回归线附近,全年平均日照时间可达 2500 小时,太阳辐射可达每天每平方米 4.5～6.5 千瓦,太阳能资源非常丰富。不过,由于资金、技术和基础设施的问题,南非的太阳能产业起步晚,发展时间短,2009—2012 年间的太能阳光伏发电量都在100 MW 以下,2013 年首次超过100 MW 达到122 MW,在 2014 年大幅增长到920 MW,2015 年再增长 21.7% 达到 1120 MW,目前已经跻身世界太阳能发电十大国家之列。其发展趋势如图 8.4 所示。基于天然的资源优势和能源供给多元化的需求,南非在太阳能领域的投资额不断增长,已成为重要的太阳能产业聚集地。

在太阳能光伏方面,南非是非洲大陆首个太阳能光伏发电突破1 GW 的国家,其小规模的太阳能光伏发电装机容量已有 43821 kW,主要集中在豪登(Gauteng)、西开普(Western Cape)和夸祖鲁—纳塔尔(Kwazulu-Natal)三省,分别达到 13267 kW、11736 kW、3263 kW,占比达 30.28%、26.78% 和 7.45%。[①]

在聚光太阳能热发电(CSP)方面,南非的第一个商业化聚光太阳能热发电厂于 2015 年开始联机,包括一个100 MW 的 KaXu Solar One 发电厂和50 MW的 Bokpoort 发电厂。到 2015 年年底,南非的聚光太阳能热发电总量

---

① State of Renewable Energy in South Africa. 2015:99.

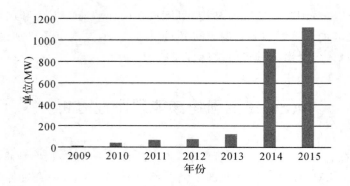

图 8.4　南非太阳能装机容量变化图

数据来源：BP Statistical Review of World Energy 2016：A5.

已位居世界第五，仅次于西班牙、美国、印度和摩洛哥。[①] 2016 年年初，又新增了发电量达到50 MW的 Khi Solar One 发电厂，从而使聚光太阳能热发电超过了200 MW。另外，由国际能源署支持、南非能源部和科技部共同发起的太阳能技术路线图计划（Solar Energy Technology Roadmap，SETRM）致力于为全国的绿色产业发展提供政策规划和技术指导，预计南非的太阳能光伏发电和聚光太阳能热发电在 2050 年将分别达到40 GW和30 GW。

2. 风能

从 20 世纪 90 年代开始，气候变化开始成为全球重要议题。由于风能发电具有价格低廉、安全便捷、可按需发电的优势，从化石能源转向风能成为新兴趋势。南非作为国际可再生能源署的成员国，联合多个机构绘制了本国的风能地图。风能地图显示，南非的内陆和沿海一样拥有丰富的风能资源，这为南非建设风能发电站提供了重要参考。事实上，南非发展风电起步较晚，2006年的发电量只有3 MW，到 2012 年仍然只有10 MW。由国际环境基金支持、联合国开发计划署执行的南非风能计划（South Africa Wind Energy Programme，SAWEP）从 2008 年起正式实施，目的就是帮助南非政府开发和利用风能资源。[②]

在市场需求、国际援助、国家政策的多重推动作用下，2013 年至 2015 年，

---

①　Renewables 2016 Global Status Report. 2016：21.

②　南非能源部. http://www. energy. gov. za/files/sawep_frame. html，2016-9-2.

南非的风力发电先后从37MW大幅增长至570 MW、1053 MW。2006—2015年南非风电装机容量变化情况见图 8.5。据南非风能协会统计,南非可持续能源领域的私人计划投资将达到 1930 亿兰特,28% 来自外国投资者,其中有超过 10 个风能项目正在进行中,92 个风力发电站被选定为 REIPPPP 计划的组成部分,全国有超过 400 台风力涡轮机发电。[①]

图 8.5　2006—2015 年南非风能装机容量

数据来源:Renewable Energy Statistics 2016:42.

3. 水能

南非总体上气候干燥,降雨量小,尼罗河和赞比西河都不流经南非,因而可开发的水能资源极少。虽然水能资源并不丰富,但南非对水能资源的利用历史却很悠久,并极大地方便了城市和农村居民的生活。著名的金矿小镇皮尔格林·雷斯特(Pilgrim's Rest)早在 1892 年就已经开始使用水轮机,两年后又新增了 45 kW 的水轮机,为该地区的第一条电力铁路供电。[②]

与太阳能和风能相比,水电只构成了南非可持续能源中很小的一部分。除去部分装机容量低于 300 kW 的极小型水电站外,南非目前在运行的小型水电站有 40 多座,装机容量均低于 6000 kW。大型水电站有 8 座,其中 5 座分别是 Colly Wobbles (42 MW)、Gariep (360 MW)、Neusberg (12.57 MW)、Second Falls (11 MW)和 Van der Kloof (240 MW);另外 3 座是抽水蓄能水电站,分别是 Drakensberg (1000 MW)、Palmiet (400 MW)和 Steenbras (180 MW),Drakensberg 和 Palmiet 由 Eskom 运营,Steenbras 由

---

① 南非风能协会. http://www.sawea.org.za/, 2016-9-2.

② Klunne WJ. Small hydropower in southern Africa—An overview of five countries in the region. Journal of energy in Southern Africa, 2013, 24(3): 14-25.

开普敦市政府运营。① 根据国际可再生能源署的统计,南非的大部分水电站仍是 1994 年结束种族隔离政策之前修建的,因而水电装机容量自 2006 年后变化不大,甚至在 2009—2014 年间一直维持在 2276 MW,直到 2015 年才新增了 12 MW(见图 8.6)。鉴于不具备发展水电的有利条件,南非能源部并未打算扩建水电设施,宁愿选择从莫桑比克的卡布拉巴萨水库(Cahora Bassa)或者从赞比亚、津巴布韦等国进口水电。② 不过,南非国家电力公司 Eskom 仍在抓紧开发南非有限的水能资源,2015 年新建成了 Kakamas 水电站,装机容量 12.57 MW,输出 10 MW。③

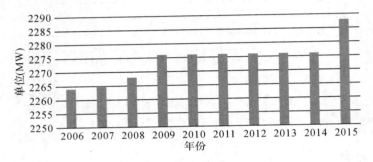

图 8.6　2006—2015 年南非水电装机容量

数据来源:Renewable Energy Statistics 2016:8.

4. 生物质能

在南非 2003 年的《可再生能源白皮书》中,生物质能与太阳能、风能和水能一起被确认为南非重要的低碳可持续能源。南非目前在生物质能利用的商业化生产方面已初具规模,尤其是利用制糖业中的甘蔗渣和造纸业中的碎木屑来发展生物质能。不过,虽然南非拥有 4200 万公顷的自然林地、135 万公顷种植园和其他林木资源,但大多数尚未被南非的电力公司利用起来,主要的生物质能形式还是居民日常生活所使用的薪柴。

2007 年,南非实行"生物燃料产业战略"(Biofuels Industrial Strategy),希

---

① https://en. wikipedia. org/wiki/List_of_power_stations_in_South_Africa # Hydroelectric, 2016-9-8；http://hydro4africa. net/HP_database/country. php? country=South%20Africa, 2016-9-8.

② http://www. energy. gov. za/files/esources/renewables/r_hydro. html, 2016-9-8.

③ http://www. idc. co. za/northern-cape/northern-cape-projects/kakamas-hydro-electric-power. html, 2016-9-9.

望到 2013 年使生物燃料在液体燃料供应中的比例突破 2%。2012 年,南非颁布《生物燃料强制混合法案》(Biofuels Mandatory Blending Regulations),对生物燃料与石油、柴油的混合作出具体规定,以推动《生物燃料产业战略》的实施。为进一步推动生物质能领域的信息收集、分享和合作,在南非科技部的支持下,南非环境观测网络(SAEON)和国家研究基金会负责并发起了南非生物质能地图项目,有望为生物质能领域的决策提供参考。在此基础上,2014 年11 月,由荷兰政府支持,南非环境部、公共企业部、两大国有公司 Eskom 和SAFCOL 以及其他非政府组织共同参与了《生物质能源电力行动计划》(Biomass Action Plan for Electricity Production in South Africa,BAPEPSA),目的就是识别并推动对南非现有生物质能资源的利用,同时促进与此相关的地方经济发展。[①] 图 8.7 所示为南非 2006—2015 年生物质能装机容量变化趋势。

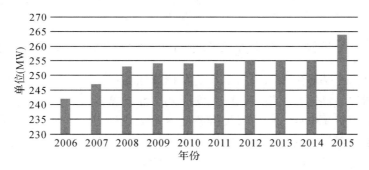

图 8.7　2006—2015 年南非生物质能装机容量

数据来源:Renewable Energy Statistics 2016:54.

(四)可持续能源产业竞争力优势聚焦

1. 资源丰富,拥有发展可持续能源的自然优势

南非拥有发展可持续能源的自然资源优势,尤其是太阳能和风能。一方

---

① State of Renewable Energy in South Africa,2015:52.

面,南非的地形以高原为主,每年平均日照时间长达 2500 小时,极适宜发展太阳能,目前太阳能发电量排名进入世界前 10,已吸引到 Google、BMW、中国台湾友达等企业在南非投资建设太阳能发电站;另一方面,南非同样拥有非常优越的风能资源,2012 年还发布了首个经验证的风力分布数字图集,主要包括北开普省、西开普省、东开普省三个风力分布的重点省份,这将使政策制定者、投资者获得一系列详尽的风力数据,从而为风能领域的决策和投资服务。

此外,南非也拥有小水电和生物质能资源,但最主要的可持续能源资源是太阳能和风能,二者是南非可持续能源产业的支柱。事实上,和南非相似,北非和东非等地的国家一年四季接受充足的光照,并且东非高原和非洲西北部沿海地区还有大量未经开发的风能,如果能够合理运用前述风力分布数字图集等现代高科技手段来识别和开发这些资源,那么当地的很多居民将从中获益。合理利用这些可持续能源不仅能够使居住在偏远因而供电成本较高区域的民众生活更加方便,而且有利于帮助南非实现减排和能源供给多元化的目标。

2. 市场开放,以创新型政策刺激可持续能源投资持续快速增长

尽管南非是非洲各国中最早开发可持续能源的国家之一,但是与欧美发达国家相比,对风能、太阳能等的开发尚处于起步阶段,因为这类能源的开发成本相对于南非国内丰富的煤炭资源而言并无竞争力。鉴于此,南非政府推出了一系列创新型的政策措施助推可持续能源产业发展,包括上网电价补贴、绿色债券、独立发电商采购可持续能源计划等。2008 年推行的可持续能源上网电价政策(REFIT),希望把大量的可持续能源并入电网——最初的定价是风能 1.25 兰特/kW·h、聚光太阳能 3.14 兰特/kW·h、太阳能光伏 3.94 兰特/kW·h,由于技术进步和供应增多,定价已于 2011 年分别调整为 0.94、1.84 和2.31 兰特/kW·h。最具影响力的政策是 REIPPPP,该计划宣称南非要在2016 年前使可持续能源发电量达到3725 MW,南非政府希望通过多轮项目招标来落实可持续能源项目建设规划并完成。正是由于 REIPPPP 的实施,到2015 年 6 月,南非已有1850 MW的风电和太阳能光伏发电并入全国电网。尽管占比仍然较低,但风能和太阳能已经成为南非日常能源供给体系的重要组成部分;到 2015 年年底,已有 102 家独立发电商与政府签署采购可持续能源的协议,预计装机容量超过6300 MW。另外,REIPPPP 的实施也使南非政府对发展可持续能源的信心越来越强,对未来提出的目标越来越高。

向可持续能源转型、向市场逐步开放的新自由主义能源发展政策以及良

性的公私伙伴关系和信任市场投资者的管理风格，①极大地调动了市场的积极性，促进了可持续能源领域技术的发展和投资的增长。仅在 2012 年和 2013 年的两年内，南非的可持续能源投资就高达 100 亿美元，不仅高居非洲国家榜首，而且也跻身全球十大可持续能源投资目标国之列。不仅如此，可持续能源领域投资的资金来源也日益多元化，REIPPPP 项目经过多轮招标，已吸引到 532 亿兰特的外国投融资，其中外来股本达到 350 亿兰特，来自包括欧洲、美国、沙特阿拉伯、中国、韩国、日本、印度以及部分非洲国家在内的国家和地区。总体上，除了 28％的外来投资，剩余的 72％全是南非国内投资。随着后续招标项目的陆续开展，投资者信心因政策稳定而得到增强，投资额增长趋势有望得以延续，这将有助于弥补前文提到的资金、技术短板。在政策支持、投资增长的背景下，风能和太阳能光伏发电已成为南非可持续能源的支柱产业。

3. 政府主导，以整合一致、目标明确的规划引领国家能源政策

在南非的可持续能源发展路径中，政府部门在总体能源规划以及推动可持续能源发展方面付出了诸多努力，能源部、环境事务部以及其他能源监管机构共同参与到能源产业政策的制定、执行和监管之中，将环境保护、能源政策和经济社会发展结合在一起，以整合一致、目标明确的发展规划引领国家环境和能源政策。比如，2003 年的《可再生能源白皮书》首次确立了发展可持续能源的目标，2005 年的国家能源效率战略（National Energy Efficiency Strategy）设定了到 2015 年能源消耗降低 12％的目标，2009 年南非承诺到 2020 年减排 34％②，2010 年的《综合资源规划》确定了到 2030 年全国新增可持续能源17.8 GW的目标。③ 为促进清洁能源投资，南非还启动了《京都议定书》中的清洁发展机制（CDM），并宣布税收减免政策，目的就是为了促进清洁发展和碳减排。这些政策和政策组合的目标不仅包括碳减排和环境保护，而且包括能源供给的多元化和国家能源安全，还涉及增加就业与可持续发展。

同时，南非能源发展和管理机构的改革也在不断推进。2006 年国家电力监管局（National Electricity Regulator）改为国家能源监管局（National Energy Regulator），基于透明、中立、可持续、高效等原则专门负责监管能源产业，

---

① Eberhard A，Kolker J，Leigland J. South Africa's renewable energy IPP procurement program：Success factors and lessons. World Bank Group，2014.

② 需要指出的是，由于哥本哈根气候大会并未达成协议，所以此项承诺落空了。

③ State of Renewable Energy in South Africa. 2015：33.

致力于促进能源稳定供给、保障能源产业自由竞争以及为经济社会的总体发展服务。[①] 2010 年,南非新成立国家计划委员会(National Planning Commission)并实施《国家发展计划》(NDP)。该计划的关键任务之一就是要使发电储备余额在 2019 年达到 19%,这要求新增装机容量达到10 GW。

另外,南非在实施国家能源政策和确定能源发展目标的过程中,坚持以宪法、法律和规制政策为依据,并保证政策的连贯性与一致性,先后颁布了《能源法》(2008)、《电力规制法》(2006,2011)、《生物燃料强制混合法案》(2012),实施和推行了生物燃料产业战略(2007)、环境影响评价制度(2010)、新发展路线计划(New Growth Path, NGP,2011)、绿色经济协议(Green Economy Accord,2011)以及产业政策行动计划(Industrial Policy Action Plan,IPAP,2014)等。[②] 这些大胆而富有想象力的政策举措促使南非在短时期内迅速成长为全球重要的风能、太阳能大国。以 IRP2010 为例,该规划要求未来 20 年新增电力装机容量超过46 GW,其中23.6 GW将来自可持续能源——虽然火电总量的占比仍将高达 46%,但考虑到南非的煤炭储量和转型难题,火电的新增幅度是极低的。具体占比见图 8.8。在风能领域,为了抢占南非的市场份额,全球主要风能企业纷纷与南非本土企业合作并投资,使得该国的风能产业链日趋完善。

4. 加强国际合作,助推能源转型

积极与国际社会合作,借助国际社会的援助和压力来推动本国能源转型,也使南非的可持续能源发展受益。如前所述,南非政府曾积极参与哥本哈根气候大会的讨论,并承诺到 2020 年相比正常水平减排 34%,虽然最后因为大会未就减排方案达成一致而落空,但南非政府并未停止制定和执行碳减排方案以应对全球气候变化的步伐,这充分展现了南非积极参与国际合作、履行国际责任的良好形象。相应地,参与国际合作、履行国际责任也为南非带来了国际社会的支持和帮助。比如,2008 年起实施的南非风能计划就是由国际环境基金支持、联合国开发计划署执行的,目的就是帮助南非进一步探索、开发和利用国内优越的风能资源;发达国家在 2009 年哥本哈根气候大会上承诺到 2020 年为发展中国家减排提供每年 1000 亿美元的支持,在 2015 年巴黎气候大会上得到确认,作为“基础四国”(中国、印度、巴西、南非)之一的南非将从中

---

① http://www.nersa.org.za/,2016-9-8.

② State of Renewable Energy in South Africa. 2015：35.

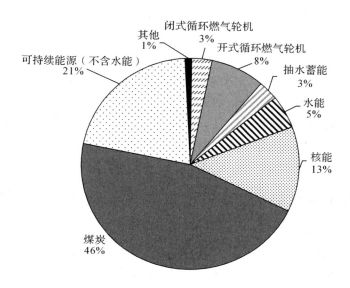

图 8.8　南非 2030 年电力来源占比

数据来源：IRP2010.

受益；2014 年的南非《生物质能源电力行动计划》除了本国的环境部、公共企业部的参与和支持外，荷兰政府也给予了大力支持。

此外，国际社会的技术援助和经验分享也对南非的电网升级与扩建、新技术的研发和应用带来不少帮助。[①] 事实上，对发展中国家尤其是对南非和其他非洲国家而言，积极参与国际合作、履行国际责任、利用国际资源，有助于它们摆脱过去的历史包袱，在新的发展起点上克服资金、技术、人力、基础设施等短板，在国际大潮中增强国力并顺利转型。

（五）可持续能源发展面临的问题与前景

1. 由于路径依赖等原因，国内良好的资源禀赋仍有待开发

为了应对全球气候变暖，南非政府早在 2003 年 11 月时便发布了《可再生

---

① Pegels A. Renewable energy in South Africa：Potentials，barriers and options for support. Energy Policy，2010，38(9)：4945-4954.

能源白皮书》，确立了发展可持续能源的总体目标。然而，最近几年，南非的可持续能源开发虽然已有起色，但仍然远远不够。可持续能源之所以尚未得到充分开发，与南非结束种族隔离政策后的国家能源和产业政策有关：为了摆脱外部依赖和实现能源自主，南非必须依赖过去的发展路径，以煤炭发电作为电力的主要来源。相应地，Eskom 和 Sasol 成为以开发和利用煤炭资源为主的南非能源巨头，南非也形成了煤炭主导型的经济社会发展形态，这种路径依赖使今天的南非在面对气候变化和国际碳减排压力以及能源战略转型任务时显得有些力不从心。

2. 法律与政策变迁困扰投资者，政策不确定性问题仍然存在

在可持续能源领域，国际投资者同样需要面对投资国的政治、经济、法律和政策变化问题，尤其在发展中国家和第三世界国家，法律和政策变迁常常会导致巨额亏损。比如，在 2011 年《联合国气候变化框架公约》第 17 次缔约方会议中，南非政府始终强调会恪守承诺，降低对化石燃料的使用和消耗，原本预计从 2015 年 1 月 1 日至 2019 年 12 月 31 日是执行碳排放税收政策的第一阶段，即按照 1t 碳排放征收 120 兰特，并以每年 10% 的比例增长的方式执行，但南非财政部长 2014 年宣布将该方案推迟至 2016 年。在可持续能源独立发电商计划中，由于南非国家电力公司 Eskom 仍处于垄断地位，独立发电商不得不将电力卖给 Eskom，这表明该国欠缺公平的电力市场竞争环境。由于政府内部、政府与国有企业、国有企业与独立发电商之间存在着利益矛盾和沟通协调问题，Eskom 已推迟与独立发电商签署协议，这不仅影响了独立发电商计划的可信度，而且导致许多地方发电站成本损耗、失业增加、外资撤离乃至电站关闭。① 上网电价补贴政策同样面临类似问题，尽管南非政府承诺针对发电商的补贴费率在 20 年内不降，不同的可持续能源享有不同的补贴政策，但只要 Eskom 是唯一的可持续能源购买商，市场投资者就仍然面临政策不确定性问题。

另外，由于许多发展可持续能源的技术仍然处于不成熟阶段，是否会受到法律和政策影响具有不确定性——聚光太阳能热发电就是其中一例，虽然目

---

① http://www.itweb.co.za/index.php? option = com_content&view = article&id = 155546, 2015-9-8.

前发展状态较好,但投资者和支持者在初期不仅面临经济风险,也面临政治风险。[①] 由此可见,尽管政府出台了诸多政策,但由于政策和法律的不确定性、政府内部以及政府与企业间关系的不确定性,可持续能源发展及其投资仍然面临不少困难。

3. 经济社会基础薄弱,整体社会状况仍需大力改善

路径依赖并非发展可持续能源的唯一障碍,发展可持续能源所需的市场、技术、人才和资金短板同样困扰着南非,这也是所有发展中国家和后发国家普遍面对的难题。首先,南非需要解决基础设施不完善问题。由于南非过去长期依赖煤炭并且实行低廉的电价政策,在电力危机后需要加大电力基础设施的投入,同时又因能源安全和气候变化压力而需要发展可持续能源,维护原有电力设施、扩建新电网及其他设备,这些都需要南非政府加大资金投入。其次,可持续能源电价上网补贴政策实施后,电价大幅上涨,增加了消费者的负担,可持续能源发电设施建得越多,消费者的短期额外用电成本就越高。再次,在成本和人才方面,可持续能源的高成本目前还无法与南非传统煤炭资源的开发成本相提并论,可持续能源领域的从业人数也相当少,这反映出这个新兴国家在国家能力上的不足。

总体上,由于南非独特的历史背景和现实状况,它不仅面临巨大的环保和减排压力,同时也要增加就业机会,推动经济发展,消除贫穷和不平等。然而,环境保护、经济发展、能源安全、民生保障、国际压力等多重目标之间可能相互冲突,除了经济利益纠纷,也存在政治方面的矛盾和摩擦。结果,各项政策在利益博弈的过程中推进缓慢,政策倡导与政策执行之间仍存在较大差距。

因而,南非要使可持续能源发展目标与其他目标相协调,把经济、政治和社会问题整合起来,从煤炭主导型经济转向低碳经济,实现其对国际社会的承诺,仍是一大难题。在能源领域,一个可持续的能源系统必须兼顾促进经济发展、保障能源安全、确保环境可持续性这三个维度的目标。在资源禀赋与投资潜力、政策支持、国际压力与国际合作等多重因素的作用下,南非已成为国际舞台上发展可持续能源的重要一员,但同时也还有很长的路要走。

南非的发展经验表明,可持续能源的政策和能源技术可以从其他国家引进,但这些政策和能源技术必须结合当地实际。目前,可持续能源尤其是风

---

① Pegels A. Renewable energy in South Africa: Potentials, barriers and options for support. Energy Policy, 2010, 38(9): 4945-4954.

能、太阳能、生物质能以及小水电,已经在非洲各国扮演着越来越重要的角色。根据国际可再生能源署的统计,非洲 2015 年新增风能装机容量687 MW,新增大水电500 MW,新增太阳能662 MW,新增生物质能32 MW。这种发展趋势对于那些目前尚无法接触电力的发展中国家的 10 多亿人口,尤其是撒哈拉以南非洲地区的居民而言,是一种福音。概言之,可持续能源不仅适用于南非,同样适用于任何不盛产传统能源的其他非洲国家和地区。

九、俄罗斯可持续能源竞争力分析

作为曾经的超级大国,俄罗斯有着广阔的国土面积,丰富的自然资源,全球第九(2015年)的经济总量和强大的综合国力。能源无论在俄罗斯的国内政治经济生活抑或是国际外交领域都有着极其重要的战略地位。一方面,俄罗斯国内能源储备丰富,能源工业对其经济发展起着举足轻重的作用;另一方面,俄罗斯是世界能源产品生产及出口大国,对世界能源市场和国际能源格局有着巨大的影响。因此,能源议题一直以来都受到俄罗斯政府的高度重视。

随着石油、天然气和煤炭等传统化石能源的过度消耗及其对环境负面影响的日益加重,世界各国开始重视提效节能,关注可持续能源及清洁能源的研发与利用。作为典型的资源依赖型经济体,俄罗斯经济发展主要以能源工业为主,这就使得俄罗斯生产成本(包含碳排放等环境成本在内)较高,能源危机、环境污染等问题更为严峻。因此,俄罗斯已将提高能源利用效率和节能以及发展可持续能源作为未来社会经济发展的重要突破口。近年来,为了更好地保护环境,创造就业机会,改善民生,俄罗斯开始积极研发和应用先进的清洁能源技术,优化本国能源结构,通过政策扶持,发展可持续能源,努力向绿色低碳经济社会转型。显然,这种"积极"的实际行动及其成效尚待时间验证,但"积极"的态度仍然值得肯定。

(一)可持续能源产业概况

俄罗斯的化石能源储量异常丰富,天然气总储量为127 Tm³,占世界总储量的三分之一;石油总储量约为44 Gt,占世界总储量的十分之一;煤炭储量超过200 Gt,占世界总储量的12%,其中105 Gt已被探明。此外,俄罗斯的铀储量也占到了全球的14%。

从能耗总量看,苏联解体以后,俄罗斯能源消费以及经济总量一度下降,20世纪末出现缓慢增长的态势,2013年俄罗斯的GDP相比1990年增长了4

倍，一次能源消费增长了 0.8 倍。2015 年，一次能源消费总量为 666.8 Mt 油当量，占全球 5.1%。[①] 从能源结构看，如表 9.1 及图 9.1 所示，传统化石能源消费仍占据绝大部分，核能也有不错的发展，两者占到了俄罗斯能源消费总量的 94.2%；而天然气和核能以及水电的较高的开发利用量及占比，则一定程度上显示了俄罗斯能源结构的"清洁低碳"的一面。但从能源效率上看，俄罗斯单位国内生产总值的能源消耗比世界平均水平高 2.5 倍，比发达国家高 3~5 倍，显示该国有很大的节能空间。

表 9.1 2015 年俄罗斯能源消费情况一览表　　　（单位：Mtoe）

总计	石油	天然气	煤炭	核能	可持续能源	
					水电	其他
666.8	143.0	352.3	88.7	44.2	38.5	0.1

数据来源：BP Statistical Review of World Energy 2016：38.

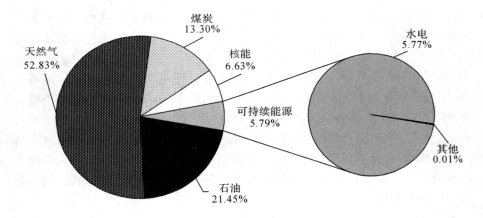

图 9.1 2015 年俄罗斯能源消费结构

数据来源：BP Statistical Review of World Energy 2016：38.

俄罗斯的电力装机结构以火电、水电和核电为主，截至 2013 年年底俄罗斯电力装机容量为 245 GW。其中：火电 170 GW（69.4%）、水电 50 GW（20.4%）、核电 25 GW（10.2%）。全年发电量为 1049.9 TW·h，其中：火电 698.2 GW·h

---

（66.8％）、水电174.7 GW·h（16.7％）、核电17.2 GW·h（16.5％）。[①]

俄罗斯在地理上可划分为三个区域：欧洲区、西伯利亚区、远东区。俄罗斯电力装机容量的72％在欧洲区部分，主要是火电和核电，以及伏尔加河上的梯级水电站；西伯利亚区装机有一半是水电，还有7个100万千瓦以上的火电厂；远东区的电力装机占整个俄罗斯装机比重的7％，只有几个小型火电厂。俄罗斯的火电主要为凝汽式发电厂和热电厂，欧洲部分主要用天然气发电，西伯利亚和远东地区主要是燃煤发电。可见，俄罗斯传统化石能源依然占据绝对主导地位。

俄罗斯可能是世界上最早开发可持续能源的国家之一。早在20世纪30年代，俄罗斯就成为世界上第一个建设公用事业规模的风力涡轮机的国家。[②]起步虽早，但进步却十分缓慢。2000年以后俄罗斯能源消费稳定增长，也是可持续能源电力消费尤其是水电的缓慢增长。[③] 近十年来，俄罗斯可持续能源电力装机容量增长十分缓慢，从2006年的47426 MW增长到2015年的53047 MW，年均增速仅为1.2％[④]，而可持续能源发电量则更几乎是停滞不前，如图9.2所示。

（二）可持续能源产业指标要素分析

俄罗斯的可持续能源竞争力在金砖五国中排名倒数第一，总得分为0.2359，与排名第一的中国（0.8114）差距巨大，甚至与排名倒数第二的南非（0.3149）都有着较大差距。俄罗斯可持续能源产业的各项指标要素得分如图9.3所示，在所有的四个子要素得分几乎全面落后于其他金砖国家。

生产要素总得分为0.0952，在金砖国家中排名第四，仅高于南非的0.0781。从生产要素下属二级指标分项来看，得益于其广阔的国土面积，资源类综合得分最高，与中国、巴西同处最高级别；资本以及技术得分均落后于南非，排在金砖五国倒数第一；得益于苏联时期开始的大水电事业的发展，俄罗斯的可持续能源从业人数约6.9万人，其中大水电从业人数6.5万人，从事风

[①] 俄罗斯联邦统计局网站. http://www.gks.ru/wps/wcm/connect/rosstat_main/rosstat/en/main/，2016-9-8.

[②] Elena Douraeva，IEA. Opportunities for Renewable Energy in Russia. 2002.

[③] 安旭. 俄罗斯能源消费与经济增长. 现代交际，2015（5）：29-30.

[④] International Renewable Energy Agency（IRENA）. Renewable Energy Statistics 2016，2016：4.

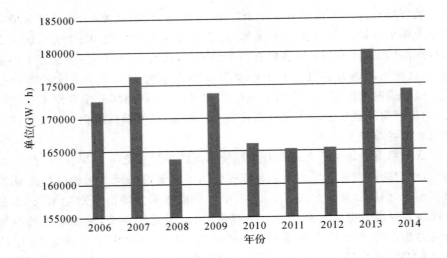

图 9.2 俄罗斯历年可持续能源发电量

资料来源:International Renewable Energy Agency（IRENA）. Renewable Energy Statistics 2016，2016：5.

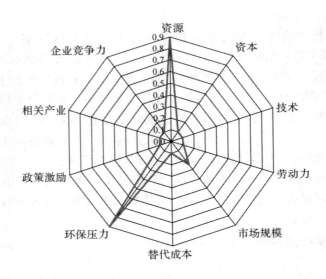

图 9.3 俄罗斯可持续能源竞争力各指标表现

电、太阳能发电等行业的人数不足万人，总人数虽然高于南非，但却远低于另外三国。因此，总体上看，俄罗斯在可持续能源生产要素方面的表现除了资源禀赋之外几乎乏善可陈。

俄罗斯可持续能源产业的需求要素总得分为 0.1135，在金砖五国中位居末尾。从需求要素的 4 个二级要素指标来看，俄罗斯在环保压力（碳赤字）方面得分位居五国之首，这与其国内巨大的能源消耗以及人均碳排放密切相关。巨大的能源供给压力和碳减排压力，或将有助于形成可持续能源发展的倒逼机制。其他三个子要素——市场规模、替代成本、政策激励中，仅在市场规模方面得分高于巴西和南非，位于第三，其余两个均倒数第一。替代成本方面，由于丰富的石油资源禀赋和较大的供给及预期，俄罗斯的汽油价格仅为 0.58 美元/升，远远低于其他四国，仅为倒数第二的国家——南非的汽油价格的 65.9%，为巴西汽油价格的 50.9%。如此低廉的油气价格，难以使可持续能源形成价格优势，也提高了政府财税政策制定的难度。而在政策激励方面，参照课题组考察的 13 个领域的可持续能源产业发展政策选项，俄罗斯出台的可持续能源政策仅涵盖了 4 个领域，即总量目标、上网电价、招标、资金补贴、补助或折扣，明显少于其他四国（南非和巴西均以 8 个领域排名倒数第二）。

在产业要素（相关产业与支持性产业）方面，俄罗斯得分为 0.0133，在金砖五国中位居末尾，基本反映了该国可持续能源的产业发展状况。在俄罗斯可持续能源产业格局中，除了大水电的发展取得一定成就外，其他可持续能源发电产业和相关产业的发展均处于竞争劣势地位。即便是大水电，其发展前景也令人担忧，老化的设备和高额的维护维修成本已成为俄罗斯大水电发展的一大障碍。2012 年开始，一直到 2025 年，俄罗斯水电集团公司的现代化更新改造计划将会更换 55% 的水轮机，42% 的发电机和 61% 的变压器。[①] 俄罗斯能源署预计，到 2020 年俄罗斯将有大约 51.7 GW 的发电装机因设备老化而报废，加之电力需求增加，届时俄罗斯需要新增装机 150 GW。当然，电力装机需求的增加也可视为发展可持续能源电力装机的重要机遇。

在企业要素（企业战略、企业结构和同业竞争）方面，俄罗斯得分为 0.0137，排名倒数第一。在可持续能源企业五百强榜单中，俄罗斯企业数为 0。但值得关注的是，俄罗斯仍然有着十分强大的传统能源公司，在普氏能源资讯 2015 全球能源企业 250 强前 20 强中，俄罗斯占据 3 席（其他金砖国家：中国 4 席，印度 2 席），分别是俄罗斯石油公司、苏古特石油天然气股份公司和

---

① 崔弘毅，周克发，编译. 俄罗斯水电革命. 大坝与安全，2014(3)：67-70.

卢克石油公司。一旦它们深度介入可持续能源产业,将很有可能使俄罗斯在金砖国家甚至全球可持续能源企业之林中迅速占据一席之地。事实上,它们已经开始行动,比如卢克石油公司(详见后文"太阳能"部分)。

(三)主要可持续能源产业分析

从能源生产角度看,水电是俄罗斯最主要的可持续能源。2015 年,俄罗斯可持续能源电力装机容量为53047 MW,水电装机为51524 MW,占总量的97.1%;水电装机中大部分为大水电(大于10 MW),达50032 MW,占水电装机总量的97.1%。[①] 从能源消费方面看,除水电外,2005 年至 2015 年,俄罗斯其他可持续能源的消费量一直维持在 0.1 Mt 油当量的水准。[②] 作为仅次于中国和美国的世界第三大能源消费国,与其每年 666.8 Mt 油当量(2015年)的一次能源消费相比,几乎可以忽略不计。

1. 水电

俄罗斯水力资源相当丰富,年均降水量为600～800 mm,多年平均降水总量为9347 km³,多年平均径流总量为6242 km³。[③] 拥有全球第二大水电资源,从地区分布看,西伯利亚和远东地区的水力资源最为丰富,欧洲地区相对资源蕴藏量小;但从开发角度看,欧洲地区却领先一筹。据估算,俄罗斯理论水电总蕴藏量为2395.1 TW·h/a,技术可开发量为1670.2 TW·h/a,经济可开发量为852.4 TW·h/a。迄今已开发了技术可开发量的约 10%,经济可开发量的18.8%,每年的发电量可以达到160.2 TW·h 的量级。2013 年的累计水电装机容量已经达到了50.75 GW,并且预计其在 2025 年将会达到56.23 GW,年平均增长率为 0.9%。[④] 仅在俄罗斯东部与中国、日本、蒙古和朝鲜半岛接壤的地区,就有广阔的水电资源亟待开发。俄罗斯电力公司认为,该区域完全有潜力建立起30 GW的新型环保零碳水电系统。俄罗斯水电分布及其开发情况见表9.2。

---

① International Renewable Energy Agency (IRENA). Renewable Energy Statistics 2016. 2016.
② BP 世界能源统计年鉴(第 65 版). 2016:38.
③ 张向荣,编译. 俄罗斯水电开发近况. 水利水电快报,2011(11):15-18,27.
④ 郭重洵,白韧,编译. 巴西等国水电建设新进展. 水利水电快报,2015(9):1-5.

表 9.2　俄罗斯水力资源分布及其开发情况

地区	理论水力资源量 （TW·h/a）	经济可开发资源量 （TW·h/a）	开发利用资源量 （TW·h/a）	开发利用率 （%）
欧洲部分	338.1	131.0	55.5	42.4
西西伯利亚部分	200.1	77.4	2.2	2.8
东西伯利亚部分	848.5	350.0	95.0	27.1
远东	1008.4	294.0	7.5	2.6
合计	2395.1	852.4	160.2	18.8

数据来源：李荣光.俄罗斯电力行业节能减排效果分析.哈尔滨工业大学,2013:7.

作为俄罗斯水电的薄弱领域，近年来小型水电站也将得到一定程度的开发。俄罗斯水电集团公司近期将在北高加索地区开发 3 座小型水力发电站，联合装机容量为 20.64 MW，分别位于俄罗斯斯塔夫罗波尔（Stavropol）和俄罗斯卡拉恰伊-切尔克斯自治共和国（Karachay-Cherkessia Republic），并且都将于 2017 年投入运行。[①]

俄罗斯在加强自主开发的同时，也开展了广泛的国际合作。俄罗斯电力公司与世界自然基金会（WWF）已经合作完成了俄罗斯东部建立水电站对当地环境影响的全面调查研究。该公司在阿穆尔河流域附近探索了一些适合建造水电大坝的备选地点，这些项目对环境影响极小且有极高的社会经济效益。2014 年，俄罗斯水电集团公司与中国长江三峡集团公司（CTG）和中国电力建设集团（Power China）达成了一项协议，在俄罗斯开发一些具有防洪发电和抽水蓄能功能的水电项目。同年，俄罗斯水电集团公司与中国电力建设集团达成了合作协议，开展建设装机容量为 1560 MW 的彼得格勒（Leningrad·Skaya）抽水蓄能电站工程，而且有机会进一步合作以开发俄罗斯国内外的一些水电项目。

2. 风能

风电技术研发方面，尽管俄罗斯在风电技术领域与西欧国家的实力相比还有一定的差距，但早在 20 世纪 30 年代，俄罗斯就成为世界上第一个建设公用事业规模的风力涡轮机的国家。1995 年，俄罗斯就研制了 250 kW 的垂直轴风力发电机，但由于本国常规能源储能丰富，没有开发风电的需求和动力，

①　郭重汕,白韧.编译.巴西等国水电建设新进展.水利水电快报,2015(9):1-5.

所以俄罗斯的风电装机总量一直没有增长。随着全球各国日益重视风能的开发与利用，俄罗斯近年也引进和研究各类风力发电项目，比较成功的研究实例是小型移动式风力机以及新型高力矩风力发动机的研制。[①]

俄罗斯风能开发具有独特的有利因素，具体表现为：一是面积大，具有丰富的风力资源；二是地理条件好，由于油气资源位于俄罗斯相对狭窄的地带，燃料运输成本较高，因而，风力发电是一个利用当地资源解决能源问题的重要解决路径之一。

然而，长期以来，俄罗斯风电装机一直维持在10 MW，2015 年才有所突破，提升至11 MW，发电量则一直维持在5 GW·h 左右。[②] 当前俄罗斯的风力发电分布于三个地区：西部的彼得格勒州、东北部的楚科奇自治区以及西南部的巴什科尔托斯坦共和国，三地的装机容量分别为 5100 kW、2500 kW 和 2200 kW。目前包括彼得格勒州在内的 7 个联邦正在修建新的风电站，建成后预计可新增装机容量276 MW。另据俄罗斯风力工业协会统计显示，俄罗斯将研究、制定并实施的一系列风力发电建设（WPP）项目，功率从 100 到 300 MW 不等。[③] 如若计划成功落地，风电装机增长无疑将是飞跃式的。然而，计划虽然美好，风电项目在俄罗斯发展缓慢却是一个不争的事实，短期内无论是专家还是投资者都不看好俄罗斯风电行业。2011 年，俄罗斯原子能有限公司计划在摩尔曼斯克地区建设一座总装机200 MW的风力发电场。然而，这座原计划在 2012 年 5 月启动建设的风电场最终连合同都没签成。[④] 这样的例子不胜枚举。风电场建设用地落实困难、风电市场难以吸引外资是俄罗斯风电止步不前的重要原因，然而更为重要的是，俄罗斯国内对可持续能源没有完善的扶持和补贴政策。

3. 太阳能

国土面积世界第一的俄罗斯拥有发展太阳能的独特优势，可与德国和意大利等太阳能资源丰富的国家媲美。即便仅有 30% 的国土面积可以有效地利用太阳能，全国太阳能发电潜力仍然巨大，应用前景广阔。俄罗斯南部地区、贝加尔边疆区、滨海边疆区以及几乎整个远东地区的日照时间都很长，具

---

① 王树恩. 关于中俄风力发电技术比较研究. 呼伦贝尔学院学报，2011(12)：109-112.
② International Renewable Energy Agency (IRENA). Renewable Energy Statistics 2016，2016.
③ 王树恩. 关于中俄风力发电技术比较研究. 呼伦贝尔学院学报，2011(12)：109-112.
④ 张琪. 俄罗斯发展风电很不顺. 中国能源报. 2013-1-14：第 9 版.

备建设太阳能电站的良好条件。这些电网难以到达的地区能够在短时间内建造太阳能光伏发电站，从而有效解决区域能源供给问题。尽管潜力很大，但俄罗斯太阳能的使用成本比化石能源高出 50％，推广太阳能必须通过政策驱动和技术驱动在价格与质量之间找到一种平衡。如若能在保证效率的同时降低成本，那么太阳能势必会在俄罗斯占据一席之地。

2012 年以来，俄罗斯在太阳能发电方面迈出了实质性步伐：一方面，俄罗斯积极参与太阳能电站建设的国际合作。2012 年，卢克石油公司启动了投资总额近 2.5 亿欧元的乌兹别克斯坦太阳能发电站工程项目，在乌兹别克斯坦纳沃依市建立太阳能研究院和一个 100 MW 的太阳能发电站；另一方面，俄罗斯亦加快了本土太阳能电站的建设速度。2012 年 8 月，俄罗斯决定在车里雅宾斯克州兴建装机容量为 100 MW 的太阳能电站。到 2015 年，俄罗斯太阳能发电装机容量为 407 MW。[1] 预计 2020 年前，俄罗斯太阳能发电装机总容量可望达到 2000 MW。另外俄罗斯还拟通过太阳能招标机制遴选适当项目发放太阳能补贴，补贴总额约 1600 亿卢布。[2]

4. 地热能

俄罗斯是世界上有地热发电条件的 20 多个国家之一。堪察加半岛是俄罗斯地热蕴藏量极丰富的地区，地热载体接近地表，根据勘测结果，从其所蕴贮的地热汽和水可获取 2 GW 以上电力和热能。[3] 开发和应用这种取之不尽的天然能源是缓解堪察加地区电力供应紧张的途径。目前，位于俄罗斯东北部的堪察加地区，总共有 9 个地热区，估计其总发电装机在 380 到 550 MW 之间，拥有 4 座地热电厂，装机总容量约为 80 MW。[4] 堪察加地区地热资源的工业实验性开发始于 20 世纪 60 年代，当时苏联投运了功率为 5 MW 的帕乌塞特斯克地热电站，1982 年又建造了第 2 期功率为 6 MW 的地热电站。然而，俄罗斯在相当长一段时间内，集中力量建设大型火电站和核电站，天然能源的进一步开发未得到应有重视。直到 1998 年，由当地政府部门、堪察加电力股份公司、全俄统一电网及科学股份公司联合组建了地热股份公司，开始实施俄罗

① International Renewable Energy Agency（IRENA）. Renewable Energy Capacity Statistics 2016，2016：27.
② 廖伟径.俄罗斯:加速发展绿色能源.经济日报,2012-1-26:第 15 版.
③ 黄少鹏.俄罗斯穆特诺夫斯克现代地热电站的建设.广东电力,2003(6):15-17,21.
④ 李荣光.俄罗斯电力行业节能减排效果分析.哈尔滨工业大学,2013.7.

斯国家"生态洁净电力"规划，堪察加地热能的开发应用才得到复兴。该公司与堪察加行政当局共同建成了功率为12 MW（3×4 MW）的上穆特诺夫斯克地热电站，于 1999 年投入工业实验性运作，宣告了世界上首座环境洁净型地热发电系统的地热电站启用成功。2000 年，俄罗斯又着手新建了50 MW的穆特诺夫斯克地热电站。[①] 这是一座在电力和热能生产上有重大突破的新型样板地热电站，为半岛中部提供电力，其发电量占全半岛的 30%。

此外，国后岛（南千岛群岛之一）上地热发电站已全面开通，该地热发电站利用门捷列夫火山蒸汽的压力进行发电。据估算，该电站每年能减少 4000 多吨柴油消耗，或 7000～10000 吨煤炭消耗；[②]在择捉岛（也是南千岛群岛之一），俄罗斯还计划兴建一座30 MW的电站。[③]

5. 生物质能

专家预计，俄罗斯厚实的农业基础使其有能力生产出 850 ML 生物燃料，但尚未得到充分应用。目前在位于西伯利亚地区的城市鄂木斯克建有一座乙醇燃料工厂，由俄罗斯和乌克兰两国合资建立。[④] 2011 年 6 月，中俄两国签署了生物质能源合作框架协议。2013 年 5 月俄罗斯发布政府令，确定了再生能源发展促进机制，但却把生物质能源和沼气发电摒弃在外。由于缺乏相关鼓励政策，原定 2020 年前建成580 MW的生物质能电站和330 MW的沼气电站的规划可能流产。专家认为，生物质能和沼气电站大都设在电网覆盖范围之外，装机容量小于工业化生产规模，所以此次未出台相关鼓励政策。对于计划上马的生物质能和沼气电站，通过竞争获得资质认证后，仍可获得零售市场的价格补贴，但 2020 年前建立大型生物质能和沼气电站的可能性不大。[⑤]

---

① 黄少鹍. 俄罗斯穆特诺夫斯克现代地热电站的建设. 广东电力，2003(6)：15-17，21.
② 国际电力网. 俄罗斯国后岛的门捷列夫火山帮助降低地热发电成本. http://power. in-en. com/html/power-61107. shtml，2007-1-3.
③ 李荣光. 俄罗斯电力行业节能减排效果分析. 哈尔滨工业大学，2013：7.
④ 于欢. 俄罗斯：可再生能源"有米难为炊". 中国能源报，2009-9-7；第 12 版.
⑤ 中国驻俄罗斯大使馆经济商务参赞处网站. http://ru. mofcom. gov. cn/. 2016-9-27.

(四)可持续能源发展的影响因素

1. 资源禀赋

一方面,可持续能源在俄罗斯无法达到应有规模,最为关键的因素在于俄罗斯的财政收入离不开传统化石能源——石油、天然气和煤炭的出口。多年来,俄罗斯外贸收入中有 80% 以上来自油气资源的出口,强势的化石能源让可持续能源长期处于配角地位,充足而廉价的传统化石能源供应,也使得俄罗斯发展可持续能源紧迫性不足。同时,丰富的化石能源导致俄罗斯的普通民众乃至部分政府人士都习惯了廉价的能源,并潜移默化地认为这些资源是无穷尽的,对可持续能源及其优势则缺乏基本的认识。俄罗斯的能源价格和课税明显低于世界上大部分国家,这让原本就没有价格优势可言的可持续能源更加缺乏竞争力。这些不利因素进一步造成了可持续能源的融资困难,那些能够展现可持续能源风采的示范项目在其他国家遍地开花,在俄罗斯则进展缓慢,可持续能源就在这样的恶性循环中艰难前行。

另一方面,实际上,俄罗斯优越的自然资源完全具备发展可持续能源的条件,且潜力巨大。有别于丹麦等国,俄罗斯巨大的可持续能源资源呈现出区域多样性,几乎每一种可持续能源都有着巨大的禀赋和开发潜力。专家估计,俄罗斯可持续能源的经济可开发量超过 2.7 Tt 标准煤。[①] 风能和太阳能可以增加俄罗斯的能源供给,同时还可以为那些无法接入电网的地区提供电力;茂密的森林和大片耕地可以提供生物质能;东部地区大量的河流、白海和鄂霍茨克海有着巨大的潮汐能潜力;北高加索和堪察加半岛可以发展地热能。俄罗斯的可持续能源发展另一个优势在于独特的气候地理环境资源,不少地区具备发展混合型可持续能源的独特优势,例如鄂霍次克海沿岸地区,夏天阳光充足、冬天风大,如果能将这些优势有效整合,完全可以实现多种可持续能源的互补发电。

---

① Bezrukikh, PP, Arbuzov, JD, Borisov, GA, et al. Resources and Efficiency of the Use of Renewable Sources of Energy in Russia. SPb, Nauka, 2002.

2. 后发态势

俄罗斯除了大水电及地热能之外，其他可持续能源的开发利用规模和水平、相关人才的质量与储备、支撑可持续能源产业发展的政策及法律体系、相关产业的发展水平，以及可持续能源企业的规模与实力等方面，都处于金砖五国的末尾。后发态势还导致了一系列不利情况，从现状看，俄罗斯虽然已经制定了可持续能源发展目标，但在政策执行层面，俄罗斯政府对于可持续能源的支持力度以及行政效率都不尽如人意，融资体制不健全，相关的司法支持更是无从谈起，这让俄罗斯的可持续能源发展缺乏根本性保障。对于可持续能源的定价机制及如何做好传统化石能源与可持续能源的过渡和承接，俄罗斯政府同样没有清晰的思路。

然而，后发态势并不完全是不利因素，后发也意味着更多的潜力可以得到挖掘。原先没有得到重点开发的可持续能源，也正是今后可以持续关注的重点领域。根据俄罗斯自然条件和能源结构，俄罗斯行业机构研究认为，在俄罗斯可持续能源发展中，太阳能、生物质能、小水电及风能最具应用前景（见表9.3）。后发也意味着俄罗斯能够借鉴更多的经验，吸取更多的教训。绿色和平组织俄罗斯能源小组的专家认为，俄罗斯发展可持续能源，技术和资金问题不大，唯一限制俄罗斯可持续能源发展的因素是缺乏相关法律。俄罗斯亟须克服现有法律薄弱和模糊的弊端，创造一套能够激发可持续能源发展潜力的

表 9.3　俄罗斯可持续能源潜力　　　　　　　　　（单位：Mtce）

资源	资源总量	技术可开发量	经济可开发量
小水电	360.4	124.6	65.2
地热能	*	*	115**
生物质能	10×10^3	53	35
风能	26×10^3	2000	10
太阳能	2.3×10^6	2300	12.5
低势热能	525	115	36
合计	2.34×10^6	4593	273.5

注：* 3 km 及以上深度的地热资源约 180 亿吨标准煤，可利用约 20 亿吨标准煤；** 基于地质循环技术的经济可开发量（热水和蒸汽热水流体）。

数据来源：Elena Douraeva，IEA. Opportunities for Renewable Energy in Russia. 2002.

法律框架。同时,我们认为一套手段多样、结构合理的政策体系也是俄罗斯发展可持续能源亟须建立的。而这样的法律框架和政策体系,俄罗斯完全可以借鉴德国、中国、印度以及丹麦等其他可持续能源发展较好的国家的先进经验,吸取这些国家在发展过程中失败的教训,后来居上,后发制人。

3. 国际能源格局

美国页岩气革命的成功,导致天然气产量迅速增长。2009 年起,美国就已经取代俄罗斯成为世界上最大的天然气生产国,2015 年美国的天然气产量达到767.3 Gm³,比俄罗斯的573.3 Gm³高出 33.8%。[①] 俄罗斯与美国 2005—2015 年天然气产量对比见图 9.4。同时,伴随着俄罗斯与西方国家的紧张关系,国际能源格局的变化给俄罗斯能源战略带来了深远的影响。美国天然气产量的增加,将压缩俄罗斯天然气出口的预期,很可能迫使俄罗斯扩大天然气的内需,俄罗斯《2035 能源战略》对能源生产结构作出调整,提高天然气、煤炭、电能产量,这对可持续能源发展并非利好消息。

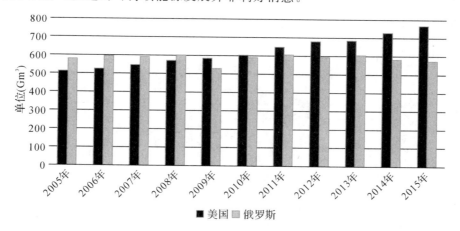

图 9.4　历年俄罗斯和美国天然气产量

资料来源:BP Statistical Review of World Energy 2016:6.

---

① BP Statistical Review of World Energy 2016:6.

4. 碳减排压力

俄罗斯于 2004 年正式签署《京都议定书》，承担起《京都议定书》所规定的减排任务——把俄罗斯温室气体排放量维持在 1990 年的水平。由于当时其温室气体排放量远低于 1990 年的水平，俄罗斯认为可以轻松完成《京都议定书》的指标。然而，由于随后俄罗斯经济出现复苏态势，并且经济发展依然主要依靠化石能源，造成温室气体排放的急剧增加。世界银行数据显示，2011年，俄罗斯 CO_2 排放量仅次于中国、美国和印度，居世界第四，约为 1.8 Gt 碳当量。[1] 图 9.5 所示为 2011 年金砖五国与美国碳排放对比情况。尽管目前俄罗斯的温室气体排放不会超过《京都议定书》的基准水平，但已有专家预测，2020 年俄罗斯的温室气体排放将达到 1990 年的基准水平，甚至有可能超过基准水平的 14%。因此，进行能源结构调整，减少温室气体排放，保证经济稳定发展已成为当前俄罗斯政府必须考虑的问题。考虑到核电站的建设成本大幅攀升，发展可持续能源电力或将成为俄罗斯的必然选择。

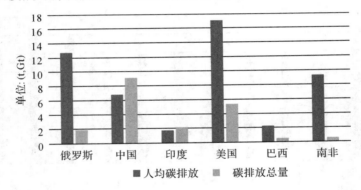

图 9.5   2011 年金砖五国与美国的碳排放情况

数据来源：世界银行网站. http://data.worldbank.org.cn/. 2016-9-28.

5. 国际合作

发展可持续能源还有赖于互联互通的国际合作体系，政策决策者、领导人和民众都必须共同努力，秉承可持续发展理念，共同应对日益增长的全球能源

---

[1]   世界银行网站. http://data.worldbank.org.cn/. 2016-9-28.

需求。国际合作对俄罗斯的可持续能源发展也有着重要作用。由于看好俄罗斯发展可持续能源的巨大潜力,2010 年,世界银行国际金融公司与全球环境基金提供 1.65 亿美元实施"俄罗斯可持续能源项目",与俄罗斯官方合作,制定管理框架,帮助俄罗斯的可持续能源项目扩大资金来源。该项目计划对俄罗斯风电和生物质能发电领域进行投资,五年增加可持续能源发电装机容量达到 205 MW,减少温室气体排放 5 Mt/a,并希望通过后续项目的建设,最终达到 200 Mt/a。其实,早在 2005 年国际金融公司就开始投资俄罗斯的能源效率和可持续能源领域,到 2011 年,已累计投入 4 亿美元。其中 1000 万美元用于建立一套法律框架,刺激在可持续能源领域的投资,有 1.5 亿美元直接投资于可持续能源领域。[①] 目前,许多国外公司基于俄罗斯能源政策的转型及其修订《可再生能源法》的预期,已在可持续能源领域寻求与俄罗斯进行合作的机会。日本、挪威、丹麦、美国、荷兰、西班牙等国计划或者已经到俄罗斯投资水电、风电、太阳能、生物燃料和地热能等可持续能源领域。随着境外组织在俄投资的增加,许多俄罗斯公司也开始进入这一领域,纷纷入股国外的新能源公司,双方联合开发国际、国内市场。一些俄罗斯传统能源公司对太阳能也表现出了浓厚的兴趣,例如卢克石油公司于 2011 年投资 400 万美元在保加利亚建设了一座太阳能光伏发电站。

(五)可持续能源发展的演变及展望

1. 可持续能源发展的三个阶段划分

世纪之交以来,俄罗斯政府高度重视提高能源效率与节能,出台了众多战略规划和法案。在大力发展可持续能源以替代化石能源已经成为全球共识的大背景下,俄罗斯能源战略及政策也开始缓慢转型。根据是否涉及可持续能源及其程度,我们将这种转型分为三个阶段。

第一阶段:1996—2003 年

早在 1996 年,俄罗斯就颁布了第一部《节能法》,由此开启了其能源利用方式转变的相关探索。此后,俄罗斯联邦政府还通过了诸多针对节能的指令

---

① 魏蔚. 俄罗斯可再生能源发展潜力与中俄合作可能性. 人民论坛,2015(1):239-241.

性文件，并指定当时的燃料与能源部作为主管部门，负责资源的有效利用事宜。2003 年 5 月 30 日，俄罗斯联邦政府基本通过了《2020 年前能源战略》。作为俄罗斯国家长期能源政策的一部分，其目的是在俄罗斯形成能够满足不断发展的国内经济对能源的需求，并且与国际能源市场接轨的高效发展的燃料动力综合体和有竞争力的能源市场。

第二阶段：2003—2013 年

2003 年的《2020 年前能源战略》还将发展可持续能源作为今后工作的目标之一。2008 年 6 月 4 日，时任总统梅德韦杰夫签署了一项法令，旨在鼓励环境友好和资源节约技术的开发应用，呼吁联邦政府预算要对可持续能源提供资金和补贴。这表明俄罗斯国内能源政策也开始关注石油和天然气以外的可持续能源领域。2009 年 1 月，俄罗斯政府批准《2020 年前利用可再生能源提高电力效率国家政策重点方向》。该政策明确了可持续能源利用的宗旨和原则，规定了可持续能源发电、用电规模指标及其落实的相关措施，并计划在2020 年之前让可持续能源发电占全国发电量占比提升到 4.5%。这个目标稍显保守，①但释放了一个积极信号：政府越来越重视可持续能源。

2009 年 11 月通过的《俄罗斯联邦 2030 年前能源战略》确立了未来能源发展的三大目标：克服能源危机、提高能源效率、开发替代能源，明确了可持续能源发展应用的具体目标和扶持政策。同时，俄罗斯联邦政府制定了具体目标和扶持政策：至 2030 年，在俄罗斯能源结构中，天然气需求在能源结构的比重下降到 50% 以下，可持续能源需求提升至 14% 左右，可持续能源发电达到1260～1660 亿 kW·h，大约占俄罗斯全部电力的 7%。2022—2030 年，可持续能源发电装机容量达至 20 GW。为此，俄罗斯政府计划于 2020 年前投资 3 万亿卢布用于支持可持续能源发电，其中 5000 亿卢布为国家预算资金，2.5 万亿卢布为私人投资。俄罗斯能源署预计，到 2020 年将有大约 51.7 GW 的发电装机因设备老化而报废，加之电力需求增加，届时俄罗斯需要新增装机150 GW，这为可持续能源发展提供了巨大的市场。

第三阶段：2013 年至今

2013 年 4 月 3 日，俄罗斯政府通过了《2013—2020 年能源效率和能源发

---

① 同其他国家相比，这一目标显得较低：欧盟计划在 2020 年达到 20%、2030 年达到 30%；在北美，采取联邦制的加拿大和美国，虽然各地方政府的可持续能源发展目标不同，但美国的同期目标最高达 30%，加拿大略低，为 15%，但也远超俄罗斯。在亚洲，印度预计 2020 年之前也能让可持续能源占到能耗总量的 10%。

展规划》。规划由俄罗斯能源部制定,包括"节约能源和提高能源效率""能源发展和现代化""石油工业发展""天然气工业发展""煤炭工业重组和发展""再生能源使用发展"和"国家规划实现保障"7个章节。① 作为该规划的内容之一,2013年4月15日,俄罗斯工业和能源部向总理梅德韦杰夫提交了一份《可再生能源法(草案)》以待审批。该项草案旨在支持可持续能源在俄罗斯的应用,其中包括太阳能、风电和水电。② 该法案草案的出台意味着俄罗斯可持续能源发展进入了全新的阶段。

2014年,俄罗斯工业和能源部发布《2035年前俄罗斯能源战略(草案)》,提出了包括减少对能源经济的依赖、调整能源结构、加大能源科技创新、拓展亚太市场等一系列措施。

2015年,俄罗斯修订了《俄罗斯电力法》。修正案中罗列了一系列措施,旨在刺激全国零售市场中的可持续能源销售,包括沼气、生物质能、填埋废气、太阳能、风能以及小型水电站。根据修正案,俄罗斯的电网企业将有义务购买可持续能源公司的电力,且每个申请可持续能源电力售价的可持续能源项目必须获得资格证。修正案还设定了可持续能源购买的上限,并对可持续能源设备的国产化率作出新要求,自2017年1月起,每个可持续能源项目的设备必须达到70%的国产化率。

2. 展望

人们通常认为俄罗斯发展可持续能源的意图不如美国和欧盟那么明确,动力亦不够强劲:美国是为了减少对中东石油的依赖,欧盟则是为了减少对俄罗斯天然气的依赖,而作为一个传统化石能源生产和出口大国,俄罗斯没有意愿和动力去发展可持续能源。但考虑到俄罗斯能源价格提升的困难较大,加之未来天然气和石油产量减少,IEA判断俄罗斯目前可能已经处于产量高峰期,2020年产量会逐步下降。③ 这将影响到俄罗斯经济的复苏进程。因此,从长期看,为了实现经济可持续发展,俄罗斯需要进行经济结构的调整,其中关键就是能源发展战略必须从传统模式向可持续能源转变,逐步减少对传统石油、天然气的依赖。

---

① 陈嘉茹,雷越,陈建荣.2013年世界主要国家油气及相关能源政策分析.国际石油经济,2014(Z1):57—63.

② 注:目前尚未得知是否获批。

③ 魏蔚.俄罗斯可再生能源发展潜力与中俄合作可能性.人民论坛,2015(2):239-241.

　　俄罗斯已经意识到，国家可持续能源目标的实现离不开财税政策的支持。为了提高可持续能源的经济可行性，2013 年 5 月俄罗斯发布政府令，确定了可持续能源发展促进机制，鼓励风电、太阳能和小水电企业通过竞争获得可持续能源发电许可，政府将强制电网公司以高于市场批发的价格进行购买，保证发电企业收回成本。[①] 此外，针对不超过250 MW的可持续能源机组接入联邦电网，俄罗斯政府制定了专门的补偿方案，联邦电网公司有义务补偿可持续能源接入输电网而产生的损失。然而，俄罗斯全面发展利用可持续能源，还需要突破传统能源习惯性依赖，需要一套完备的法律框架和政策体系，或许更为重要的是将意愿和动力转化为行动的决心。因此，对于俄罗斯可持续能源的开发利用，我们既需要听其言，还需要观其行。

---

　　① 中国驻俄罗斯大使馆经济商务参赞处网站．http://ru. mofcom. gov. cn/．2016-9-27.

索　引

参考文献

(一)中文文献

[1] BP 世界能源统计年鉴(第 65 版).2016.

[2] 安旭.俄罗斯能源消费与经济增长.现代交际，2015(5).

[3] 陈嘉茹,雷越,陈建荣.2013 年世界主要国家油气及相关能源政策分析.国际石油经济,2014(Z1).

[4] 崔弘毅,周克发,编译.俄罗斯水电革命.大坝与安全,2014(3).

[5] 国家可再生能源中心.中国可再生能源产业发展报告 2015.北京:中国经济出版社,2015.

[6] 郭重汕,白韧,编译.巴西等国水电建设新进展.水利水电快报,2015(9).

[7] 李荣光.俄罗斯电力行业节能减排效果分析.哈尔滨工业大学硕士学位论文,2013.

[8] 林伯强.中国能源经济的改革和发展.北京:科学出版社,2013.

[9] 黄少鹗.俄罗斯穆特诺夫斯克现代地热电站的建设.广东电力,2003(6).

[10] 何贤杰,等.石油安全评价指标体系初步研究.北京:地质出版社,2006.

[11] 金碚,等.中国工业的国际竞争力.北京:经济管理出版社,1997.

[12] [澳]卡尔·马伦.可再生能源政策与政治——决策指南.锁箭,等译.北京:经济管理出版社,2014.

[13] [美]迈克尔·波特.国家竞争优势(第 2 版).李明轩,邱如美,译.北京:中信出版社,2012.

[14] [英]菲利普·安德鲁斯-斯皮德.中国能源治理:低碳经济转型之

路.张素芳等译.北京:中国经济出版社,2015.

　　[15]清华大学产业发展与环境治理研究中心.中国新兴能源产业的创新支撑体系及政策研究.2014.

　　[16]秦世平,胡润青.中国生物质能产业发展路线图 2050.北京:中国环境出版社,2015.

　　[17]田军,张朋柱,王刊良,汪应洛.基于德尔菲法的专家意见集成模型研究.系统工程理论与实践,2004(1).

　　[18]王树恩.关于中俄风力发电技术比较研究.呼伦贝尔学院学报,2011(12).

　　[19]魏蔚.俄罗斯可再生能源发展潜力与中俄合作可能性.人民论坛,2015(2).

　　[20]任东明.可再生能源配额制政策研究——系统框架与运行机制.北京:中国经济出版社,2013.

　　[21]芮明杰.产业竞争力的新钻石模型.社会科学,2006(4).

　　[22]《世界能源中国展望》课题组.世界能源中国展望 2014—2015.北京:中国社会科学出版社,2015.

　　[23]徐小杰.中国 2030:能源转型的八大趋势与政策建议.北京:中国社会科学出版社,2015.

　　[24]张向荣,编译.俄罗斯水电开发近况.水利水电快报,2011(11).

　　[25]中国资源综合利用协会可再生能源专业委员会,中国可再生能源学会产业工作委员会.中国光伏分类上网电价政策研究报告.2013.

　　[26]朱彤,王蕾.国家能源转型:德、美实践与中国选择.杭州:浙江大学出版社,2015.

(二)外文文献

　　[1] Aguirre M，Ibikunle G. Determinants of renewable energy growth：A global sample analysis. Energy Policy，2014(69).

　　[2] Arora DS，Busche S，Cowlin S，et al. Indian Renewable Energy Status Report：Background Report for DIREC 2010. 2010.

　　[3] BP. Statistical Review of World Energy. June 2016.

　　[4] Brazilian Institute of Geography and Statistics（IBGE）. Networks

and Flows-Energy Logistics 2015，2016.

［5］Bezrukikh PP，Arbuzov JD，Borisov GA，et al. Resources and Efficiency of the Use of Renewable Sources of Energy in Russia. SPb，Nauka，2002.

［6］Carley S. State renewable energy electricity policies：An empirical evaluation of effectiveness. Energy Policy，2009(37).

［7］Cavaliero CKN，DaSilva EP. Electricity generation：Regulatory mechanisms to incentive renewable alternative energy sources in Brazil. Energy Policy，2005(33).

［8］Cho DS. A dynamic approach to international competitiveness：The case of Korea. Journal of Far Eastern Business，1994(1).

［9］Cleantech Group，WWF. Global Cleantech Innovation Index. 2014.

［10］Dögl C，Holtbrügge D，Schuster T. Competitive advantage of German renewable energy firms in India and China：An empirical study based on Porter's diamond. International Journal of Emerging Markets，2012，7(2).

［11］Douraeva E，IEA. Opportunities for Renewable Energy in Russia. 2002.

［12］Dunning JH. Internationalizing Porter's diamond. Management International Review，1993,33(2).

［13］Eberhard A，Kolker J，Leigland J. South Africa's Renewable Energy IPP Procurement Program：Success Factors and Lessons. World Bank Group，2014.

［14］Evans RL. Fueling Our Future：An Introduction to Sustainable Energy. Cambridge University Press，New York,2007.

［15］Ernst & Young. Renewable Energy Country Attractiveness Index Report. 2015.

［16］Ederer N. Evaluating capital and operating cost efficiency of offshore wind farms：A DEA approach. Renewable and Sustainable Energy Reviews，2015(42).

［17］Global Wind Energy Concil（GWEC）. Global Wind 2015 Report. 2016.

［18］International Energy Agency（IEA）. World Energy Outlook

2015. 2015.

[19] IEA. Indian Energy Outlook, 2015.

[20] International Institute for Management Development (IMD). World Competitiveness Yearbook. 2014.

[21] International Renewable Energy Agency (IRENA). Renewable Energy Statistics 2016,2016.

[22] IRENA. Renewable Energy and Jobs: Annual Review 2016. 2016.

[23] Kumar A, Kumar K, Kaushik N, et al. Renewable energy in India: Current status and future potentials. Renewable and Sustainable Energy Reviews, 2010, 14(8).

[24] Marques AC, Fuinhas JA, Pires Manso JR. Motivations driving renewable energy in European countries: A panel data approach. Energy Policy, 2010(38).

[25] McArthur JW, Sachs JD. The Growth Competitiveness Index: Measuring Technological Advancement and the Stages of Development. In WEF. The Global Competitiveness Report 2001-2002, New York: Oxford University Press, 2002.

[26] Klunne WJ. Small hydropower in southern Africa—An overview of five countries in the region. Journal of Energy in Southern Africa, 2013, 24(3).

[27] OECD. Technology and the Economy: The Key Relationships. Paris, 1992.

[28] Panagiotis L, Nikos A. Regional development and renewable energy enterprises: A Porter's diamond analysis. Theoretical & Practical Research in Economic Fields, 2014, 5(1).

[29] Pegels A. Renewable energy in South Africa: Potentials, barriers and options for support. Energy Policy, 2010, 38(9).

[30] Pillai IR, Banerjee R. Renewable energy in India: Status and potential. Energy, 2009, 34(8).

[31] Porter ME. The Competitive Advantage of Nations. New York: The Free Press, 1990.

[32] Rico JAP, Sauer IL. A review of Brazilian biodiesel experiences.

Renewable and Sustainable Energy Reviews，2015(45).

[33] REN21. Renewables 2016 Global Status Report. 2016.

[34] Rugman AM，Cruz D，Joseph R. The double diamond's model of international competitiveness：The Canadian experience. Management International Review，1993，33(2).

[35] Schaffer LM，Bernauer T. Explaining government choices for promoting renewable energy. Energy Policy，2014(68).

[36] Siudek T，Zawojska A. Competitiveness in the economic concepts theories and empirical research. Oeconomia，2014，13 (1).

[37] Sovacool BK. A qualitative factor analysis of renewable energy and sustainable energy for all (SE4ALL) in the Asia-Pacific. Energy Policy，2013(59).

[38] Sharma A，Srivastava J，Kumar A. Renewable energy：A comprehensive overview renewable energy status. Springer India，2015，37(Suppl 1).

[39] Su YJ，Zhang PD，Su YQ. An overview of biofuels policies and industrialization in the major biofuel producing countries. Renewable and Sustainable Energy Reviews，2015(50).

[40] U.S. Energy Information Administration (EIA). Country Analysis Brief：India. 2016.

[41] WEF. The Global Competitiveness Report 2004-2005. New York：Oxford University Press，2004.

[42] WEF. The Global Competitiveness Report 1994-1995. Geneva，1994.

[43] World Wind Energy Association. 2013 Half-year World Wind Energy Association Report. 2013.

[44] Zhang S. International competitiveness of China's wind turbine manufacturing industry and implications for future development. Renewable and Sustainable Energy Reviews，2012，16 (6).

[45] Zhao ZY，Hu J，Zuo J. Performance of wind power industry development in China：A diamond model study，Renewable Energy，2009(34).

[46] Zhao ZY，Zhang S，Zuo J. A critical analysis of the photovoltaic power industry in China-From diamond model to gear model. Renewable and Sustainable Energy Reviews，2011(15).

（三）网络资源

［1］Bloomberg New Energy Finance. http：// www. bnef. com/.

［2］BP. http://www. bp. com.

［3］Department of Energy，South Africa. http：//www. energy. gov. za/.

［4］EIA. http：//www. eia. gov.

［5］Global Wind Energy Council (GWEC). http：//www. gwec. net/.

［6］IEA. http://http：//www. iea. org /.

［7］Ministry of New and Renewable Energy (MNRE)，Inida. http：// www. mnre. gov. in.

［8］Ministry of Mines and Energy (MME)，Brazil. http：//www. mme. gov. br/.

［9］National Agency for Electrical Energy (ANEEL)，Brazil. http：// www. aneel. gov. br/.

［10］National Electrical System Operator of Brazil (ONS). http：// www. ons. org. br/.

［11］South African Wind Energy Association(SAWEA). http：//www. sawea. org. za/.

［12］The Electrical Energy Research Center (CEPEL)，Brazil. http：// www. cepel. br/.

［13］The National Energy Regulator South Africa (NERSA). http：// www. nersa. org. za/.

［14］The Texas Renewable Energy Industry Alliance(TREIA). http：// www. treia. org/.

［15］21 经济网. http：//www. 21jingji. com/.

［16］俄罗斯联邦统计局网站. http：//www. gks. ru/.

［17］国际电力网. http：//power. in-en. com/.

［18］国家发改委能源研究所. http：//www. eri. org. cn/.

［19］国家能源局. http：//www. nea. gov. cn/.

［20］国务院办公厅. http：//www. gov. cn/.

［21］能源基金会（中国）. http：//www. efchina. org/.

［22］世界银行网站. http：//data. worldbank. org. cn/.

［23］中国能源网. http：//www. china5e. com/.

［24］中国气象局风能太阳能资源中心. http：//cwera. cma. gov. cn/.

［25］中国驻俄罗斯大使馆经济商务参赞处网站. http：//ru. mofcom. gov. cn/.

（四）报纸媒体

［1］Biofuels Digest.

［2］Reuters.

［3］经济日报.

［4］彭博新能源财经.

［5］中国能源报.

附录：中华人民共和国可再生能源法

中华人民共和国可再生能源法

（2005 年 2 月 28 日第十届全国人民代表大会常务委员会第十四次会议通过　根据 2009 年 12 月 26 日第十一届全国人民代表大会常务委员会第十二次会议《关于修改〈中华人民共和国可再生能源法〉的决定》修正）

第一章　总　　则

第一条　为了促进可再生能源的开发利用，增加能源供应，改善能源结构，保障能源安全，保护环境，实现经济社会的可持续发展，制定本法。

第二条　本法所称可再生能源，是指风能、太阳能、水能、生物质能、地热能、海洋能等非化石能源。

水力发电对本法的适用，由国务院能源主管部门规定，报国务院批准。

通过低效率炉灶直接燃烧方式利用秸秆、薪柴、粪便等，不适用本法。

第三条　本法适用于中华人民共和国领域和管辖的其他海域。

第四条　国家将可再生能源的开发利用列为能源发展的优先领域，通过制定可再生能源开发利用总量目标和采取相应措施，推动可再生能源市场的建立和发展。

国家鼓励各种所有制经济主体参与可再生能源的开发利用，依法保护可再生能源开发利用者的合法权益。

第五条　国务院能源主管部门对全国可再生能源的开发利用实施统一管理。国务院有关部门在各自的职责范围内负责有关的可再生能源开发利用管理工作。

县级以上地方人民政府管理能源工作的部门负责本行政区域内可再生能源开发利用的管理工作。县级以上地方人民政府有关部门在各自的职责范围内负责有关的可再生能源开发利用管理工作。

第二章　资源调查与发展规划

第六条　国务院能源主管部门负责组织和协调全国可再生能源资源的调查，并会同国务院有关部门组织制定资源调查的技术规范。

国务院有关部门在各自的职责范围内负责相关可再生能源资源的调查，调查结果报国务院能源主管部门汇总。

可再生能源资源的调查结果应当公布；但是，国家规定需要保密的内容除外。

第七条　国务院能源主管部门根据全国能源需求与可再生能源资源实际状况，制定全国可再生能源开发利用中长期总量目标，报国务院批准后执行，并予公布。

国务院能源主管部门根据前款规定的总量目标和省、自治区、直辖市经济发展与可再生能源资源实际状况，会同省、自治区、直辖市人民政府确定各行政区域可再生能源开发利用中长期目标，并予公布。

第八条　国务院能源主管部门会同国务院有关部门，根据全国可再生能源开发利用中长期总量目标和可再生能源技术发展状况，编制全国可再生能源开发利用规划，报国务院批准后实施。

国务院有关部门应当制定有利于促进全国可再生能源开发利用中长期总量目标实现的相关规划。

省、自治区、直辖市人民政府管理能源工作的部门会同本级人民政府有关部门，依据全国可再生能源开发利用规划和本行政区域可再生能源开发利用中长期目标，编制本行政区域可再生能源开发利用规划，经本级人民政府批准后，报国务院能源主管部门和国家电力监管机构备案，并组织实施。

经批准的规划应当公布；但是，国家规定需要保密的内容除外。

经批准的规划需要修改的，须经原批准机关批准。

第九条　编制可再生能源开发利用规划，应当遵循因地制宜、统筹兼顾、合理布局、有序发展的原则，对风能、太阳能、水能、生物质能、地热能、海洋能等可再生能源的开发利用作出统筹安排。规划内容应当包括发展目标、主要任务、区域布局、重点项目、实施进度、配套电网建设、服务体系和保障措施等。

组织编制机关应当征求有关单位、专家和公众的意见，进行科学论证。

第三章　产业指导与技术支持

第十条　国务院能源主管部门根据全国可再生能源开发利用规划，制定、公布可再生能源产业发展指导目录。

第十一条　国务院标准化行政主管部门应当制定、公布国家可再生能源电力的并网技术标准和其他需要在全国范围内统一技术要求的有关可再生能源技术和产品的国家标准。

对前款规定的国家标准中未作规定的技术要求，国务院有关部门可以制定相关的行业标准，并报国务院标准化行政主管部门备案。

第十二条　国家将可再生能源开发利用的科学技术研究和产业化发展列为科技发展与高技术产业发展的优先领域，纳入国家科技发展规划和高技术产业发展规划，并安排资金支持可再生能源开发利用的科学技术研究、应用示范和产业化发展，促进可再生能源开发利用的技术进步，降低可再生能源产品的生产成本，提高产品质量。

国务院教育行政部门应当将可再生能源知识和技术纳入普通教育、职业教育课程。

第四章　推广与应用

第十三条　国家鼓励和支持可再生能源并网发电。

建设可再生能源并网发电项目，应当依照法律和国务院的规定取得行政许可或者报送备案。

建设应当取得行政许可的可再生能源并网发电项目，有多人申请同一项目许可的，应当依法通过招标确定被许可人。

第十四条　国家实行可再生能源发电全额保障性收购制度。

国务院能源主管部门会同国家电力监管机构和国务院财政部门，按照全国可再生能源开发利用规划，确定在规划期内应当达到的可再生能源发电量占全部发电量的比重，制定电网企业优先调度和全额收购可再生能源发电的具体办法，并由国务院能源主管部门会同国家电力监管机构在年度中督促落实。

电网企业应当与按照可再生能源开发利用规划建设，依法取得行政许可或者报送备案的可再生能源发电企业签订并网协议，全额收购其电网覆盖范围内符合并网技术标准的可再生能源并网发电项目的上网电量。发电企业有义务配合电网企业保障电网安全。

电网企业应当加强电网建设，扩大可再生能源电力配置范围，发展和应用智能电网、储能等技术，完善电网运行管理，提高吸纳可再生能源电力的能力，为可再生能源发电提供上网服务。

第十五条　国家扶持在电网未覆盖的地区建设可再生能源独立电力系统，为当地生产和生活提供电力服务。

第十六条　国家鼓励清洁、高效地开发利用生物质燃料，鼓励发展能源作物。

利用生物质资源生产的燃气和热力，符合城市燃气管网、热力管网的入网技术标准的，经营燃气管网、热力管网的企业应当接收其入网。

国家鼓励生产和利用生物液体燃料。石油销售企业应当按照国务院能源主管部门或者省级人民政府的规定，将符合国家标准的生物液体燃料纳入其燃料销售体系。

第十七条　国家鼓励单位和个人安装和使用太阳能热水系统、太阳能供热采暖和制冷系统、太阳能光伏发电系统等太阳能利用系统。

国务院建设行政主管部门会同国务院有关部门制定太阳能利用系统与建筑结合的技术经济政策和技术规范。

房地产开发企业应当根据前款规定的技术规范，在建筑物的设计和施工中，为太阳能利用提供必备条件。

对已建成的建筑物，住户可以在不影响其质量与安全的前提下安装符合技术规范和产品标准的太阳能利用系统；但是，当事人另有约定的除外。

第十八条　国家鼓励和支持农村地区的可再生能源开发利用。

县级以上地方人民政府管理能源工作的部门会同有关部门，根据当地经济社会发展、生态保护和卫生综合治理需要等实际情况，制定农村地区可再生能源发展规划，因地制宜地推广应用沼气等生物质资源转化、户用太阳能、小型风能、小型水能等技术。

县级以上人民政府应当对农村地区的可再生能源利用项目提供财政支持。

第五章　价格管理与费用补偿

第十九条　可再生能源发电项目的上网电价，由国务院价格主管部门根据不同类型可再生能源发电的特点和不同地区的情况，按照有利于促进可再生能源开发利用和经济合理的原则确定，并根据可再生能源开发利用技术的发展适时调整。上网电价应当公布。

依照本法第十三条第三款规定实行招标的可再生能源发电项目的上网电价，按照中标确定的价格执行；但是，不得高于依照前款规定确定的同类可再生能源发电项目的上网电价水平。

第二十条　电网企业依照本法第十九条规定确定的上网电价收购可再生能源电量所发生的费用，高于按照常规能源发电平均上网电价计算所发生费用之间的差额，在全国范围对销售电量征收可再生能源电价附加补偿。

第二十一条　电网企业为收购可再生能源电量而支付的合理的接网费用以及其他合理的相关费用，可以计入电网企业输电成本，并从销售电价中回收。

第二十二条　国家投资或者补贴建设的公共可再生能源独立电力系统的销售电价，执行同一地区分类销售电价，其合理的运行和管理费用超出销售电价的部分，依照本法第二十条的规定补偿。

第二十三条　进入城市管网的可再生能源热力和燃气的价格，按照有利于促进可再生能源开发利用和经济合理的原则，根据价格管理权限确定。

第六章　经济激励与监督措施

第二十四条　国家财政设立可再生能源发展基金，资金来源包括国家财政年度安排的专项资金和依法征收的可再生能源电价附加收入等。

可再生能源发展基金用于补偿本法第二十条、第二十二条规定的差额费用，并用于支

持以下事项:

(一)可再生能源开发利用的科学技术研究、标准制定和示范工程;

(二)农村、牧区的可再生能源利用项目;

(三)偏远地区和海岛可再生能源独立电力系统建设;

(四)可再生能源的资源勘查、评价和相关信息系统建设;

(五)促进可再生能源开发利用设备的本地化生产。

本法第二十一条规定的接网费用以及其他相关费用,电网企业不能通过销售电价回收的,可以申请可再生能源发展基金补助。

可再生能源发展基金征收使用管理的具体办法,由国务院财政部门会同国务院能源、价格主管部门制定。

第二十五条 对列入国家可再生能源产业发展指导目录、符合信贷条件的可再生能源开发利用项目,金融机构可以提供有财政贴息的优惠贷款。

第二十六条 国家对列入可再生能源产业发展指导目录的项目给予税收优惠。具体办法由国务院规定。

第二十七条 电力企业应当真实、完整地记载和保存可再生能源发电的有关资料,并接受电力监管机构的检查和监督。

电力监管机构进行检查时,应当依照规定的程序进行,并为被检查单位保守商业秘密和其他秘密。

第七章 法律责任

第二十八条 国务院能源主管部门和县级以上地方人民政府管理能源工作的部门和其他有关部门在可再生能源开发利用监督管理工作中,违反本法规定,有下列行为之一的,由本级人民政府或者上级人民政府有关部门责令改正,对负有责任的主管人员和其他直接责任人员依法给予行政处分;构成犯罪的,依法追究刑事责任:

(一)不依法作出行政许可决定的;

(二)发现违法行为不予查处的;

(三)有不依法履行监督管理职责的其他行为的。

第二十九条 违反本法第十四条规定,电网企业未按照规定完成收购可再生能源电量,造成可再生能源发电企业经济损失的,应当承担赔偿责任,并由国家电力监管机构责令限期改正;拒不改正的,处以可再生能源发电企业经济损失额一倍以下的罚款。

第三十条 违反本法第十六条第二款规定,经营燃气管网、热力管网的企业不准许符合入网技术标准的燃气、热力入网,造成燃气、热力生产企业经济损失的,应当承担赔偿责任,并由省级人民政府管理能源工作的部门责令限期改正;拒不改正的,处以燃气、热力生产企业经济损失额一倍以下的罚款。

第三十一条 违反本法第十六条第三款规定,石油销售企业未按照规定将符合国家标准的生物液体燃料纳入其燃料销售体系,造成生物液体燃料生产企业经济损失的,应当承担赔偿责任，并由国务院能源主管部门或者省级人民政府管理能源工作的部门责令限期改正；拒不改正的，处以生物液体燃料生产企业经济损失额一倍以下的罚款。

第八章　附　则

第三十二条　本法中下列用语的含义：

（一）生物质能，是指利用自然界的植物、粪便以及城乡有机废物转化成的能源。

（二）可再生能源独立电力系统，是指不与电网连接的单独运行的可再生能源电力系统。

（三）能源作物，是指经专门种植，用以提供能源原料的草本和木本植物。

（四）生物液体燃料，是指利用生物质资源生产的甲醇、乙醇和生物柴油等液体燃料。

第三十三条　本法自 2006 年 1 月 1 日起施行。

图书在版编目（CIP）数据

全球可持续能源竞争力报告. 2016：聚焦金砖国家 /
郭苏建等著. —杭州：浙江大学出版社，2016.11
ISBN 978-7-308-16414-6

Ⅰ. ①全… Ⅱ. ①郭… Ⅲ. ①能源发展－可持续性发
展－研究报告－世界－2016 Ⅳ. ①TK01

中国版本图书馆 CIP 数据核字（2016）第 278163 号

全球可持续能源竞争力报告 2016：聚焦金砖国家
郭苏建 等 著

责任编辑	余健波	
责任校对	杨利军	张振华
封面设计	周 灵	
出版发行	浙江大学出版社	
	（杭州市天目山路 148 号 邮政编码 310007）	
	（网址：http://www.zjupress.com）	
排 版	杭州好友排版工作室	
印 刷	杭州日报报业集团盛元印务有限公司	
开 本	710mm×1000mm 1/16	
印 张	8.5	
字 数	153 千	
版 印 次	2016 年 11 月第 1 版 2016 年 11 月第 1 次印刷	
书 号	ISBN 978-7-308-16414-6	
定 价	35.00 元	